AF607332

KOSMOS

La epopeya de las partículas

Antoine Letessier Selvon

Colección Cultura DIPC
DIPC Kultura bilduma

Primera edición, mayo de 2025

Imagen de portada: La desintegración de una partícula lambda en la cámara de burbujas ©CERN

Diseño y maquetación: @imparsifal

ISBN: 978-84-126724-5-9
Depósito legal: SE 862-2025
Impreso en España – Printed in Spain

Este libro se ha publicado con el apoyo del centro de investigación Donostia International Physics Center (DIPC), en el marco de su compromiso con la divulgación del conocimiento y el fomento del pensamiento crítico.

Liburu hau Donostia International Physics Center (DIPC) ikerketa-zentroaren babesarekin argitaratu da, ezagutzaren zabalkundearekin eta pentsamendu kritikoaren sustapenarekin duen konpromisoaren baitan.

A Léo, Marie, Simon,
y a Bernard Maris

Prólogo

Recuerdo una mañana soleada, pero quizás todas las mañanas de hace tres décadas se recuerdan así. Álvaro de Rújula me había citado en la cafetería del CERN para hablar con "unos amigos que te encantará conocer". Se trataba de Antoine, Pierre, Patrick y François. A este último le conocía por ser el spokesperson (director) del experimento NOMAD, por el que llevaba ya algún tiempo interesándome. Los otros eran jóvenes de mi edad (treinta y pocos, juro que fue ayer). Franceses hasta la médula, brillantes, simpáticos, apasionados, un poco arrogantes. De los tres, el más brillante, el más francés, el más arrogante y el más apasionado era Antoine.

Corría el año 1994. Tras una larga temporada trabajando en el experimento DELPHI, uno de los cuatro grandes que habían estudiado la resonancia Z0 en el gran anillo de colisión de electrones y positrones (LEP) y recién promocionado a "staff physicist" (investigador de plantilla) del CERN, yo andaba buscando algo nuevo. Los grandes aceleradores como LEP eran demasiado industriales para mi gusto y buscaba experimentos más pequeños, donde se pudiera investigar cuestiones básicas en equipos más reducidos. Fue Álvaro, mi mentor y amigo, uno de los teóricos más destacados del CERN, el que me sugirió que los experimentos de oscilaciones de neutrinos ofrecían ambas cosas. Demostrar que los neutrinos de diferentes sabores ("sabor" es el nombre caprichoso con el que los físicos nos referimos a los tres tipos de neutrinos ligeros, νe, $\nu\mu$ y $\nu\tau$) se mezclaban entre sí, cambiando su naturaleza en función del tiempo, era uno de los Santos

Griales del momento. Y NOMAD, un experimento que arrancaba en ese momento en el CERN, era un candidato favorito a encontrar el fenómeno.

No necesité más de una hora, durante aquel primer café en la cantina del laboratorio, para decidirme. No me arrepentí. NOMAD resultó ser un experimento precioso. El equipo no era muy grande, aunque sí muy internacional, con investigadores de Francia (que lideraban el cotarro), Italia, Suiza, Estados Unidos, Australia, Rusia e incluso algún español medio renegado como mi yo de aquel entonces. Entender el detector requería trabajo, pero estaba al alcance de grupos relativamente pequeños, no se necesitaba un ejército de trabajadores, como ha el caso en DELPHI. Y la física no podía ser más bonita. El SPS del CERN producía un haz de neutrinos muónicos ($\nu\mu$) que volaban alrededor de un kilómetro, hasta el aparato que teníamos instalado en el área oeste del laboratorio. Si las oscilaciones de neutrinos existían y la longitud de oscilación era la correcta, parte de los $\nu\mu$ se convertirían en neutrinos tauónicos ($\nu\tau$) y nuestro trabajo de detectives era identificar la señal de esos posibles candidatos en el mar de interacciones residuales de los $\nu\mu$ que no se convertían.

NOMAD estaba basado en un tipo de detectores que llamamos cámaras de deriva[1]. Había 44 de ellas, apiladas a lo largo de 5 metros, en el interior de un gigantesco imán que había sido previamente utilizado por la colaboración UA1 para descubrir el Z0 (así que nuestro experimento tenía karma, o eso queríamos creer). Cada cámara tenía 3 metros de largo por 3 metros de ancho y algo más de 10 cm de espesor. En esos 10 cm se alternaban paneles de Kevlar (donde ocurrían las interacciones de los neutrinos) con espacios llenos

[1]El artículo que las describe se puede encontrar aquí https://arxiv.org/abs/hep-ex/0104012. Los firmantes son el equipo francés que las construyó, entre ellos Antoine.

de gas. Los espacios gaseosos estaban recorridos por una malla de hilos a alto voltaje, que permitían detectar el paso de las partículas cargadas. En resumen: cuando un neutrino (por ejemplo, un $\nu\mu$) interaccionaba en el teflón de las cámaras, producía una pequeña cascada de partículas que atravesaban el detector, dejando señales en los hilos. Esas señales tenían que descodificarse y a continuación era necesario aplicar una serie de algoritmos matemáticos hasta reconstruir la trayectoria de todas las partículas. Había que ser muy fino, ya que la señal que buscábamos y el ruido de fondo también se diferenciaban en un balance energético que era necesario medir con suma exactitud. Para ello, todo el proceso de reconstrucción de señal y los posteriores algoritmos de análisis, tenían que ser realmente refinados.

¿Quién estaba a cargo de desarrollar aquellos refinados algoritmos? Los franceses, naturalmente. Que eran, como ya he dicho, el colmo de la brillantez y la insolencia. El grupo a cargo de la reconstrucción, capitaneado por Antoine, se había empeñado en utilizar el lenguaje de programación C para codificar sus algoritmos y el resto de la colaboración estaba escandalizado con la decisión. Los dos argumentos que se esgrimían en contra, eran, *primo*, que el lenguaje preferido por la mayoría era FORTRAN y *secondo*, que el uso de programación funcional que Antoine y sus amigos preferían era muy "complejo". Visto desde la distancia de tres décadas, da un poco de risa. C era un lenguaje mucho más potente y versátil que el FORTRAN-77 de la época y la programación funcional de los franceses era una virguería, a años luz de las chapuzas típicas de los físicos de partículas (posiblemente los peores programadores del mundo). Las objeciones, en el fondo eran otras: "son muy sobrados y van a su bola, no nos fiamos de ellos".

El grupo que más pegas ponía era el de los físicos del CERN, que llevaban muy mal no tener el control absoluto del negocio. Y como yo era parte de ese grupo y recién llegado al experimento, mi jefe, Luigi di Lella, decidió proponerme que hiciera de "interfase" con los franceses. Es decir, de espía. Mi trabajo era averiguar qué hacían y decidir si la colaboración podía fiarse de ellos.

Dicho y hecho, me planté en el despacho de Antoine, le expliqué a las claras la situación y le pedí trabajo. Al cabo de unos meses, no sólo entendía el producto exquisito que había pergeñado (al que tuve la ocasión de contribuir modestamente), sino que, en el proceso, había ganado un amigo. Antoine era todo lo que me había parecido en nuestro primer encuentro y de manera superlativa. Todo... excepto arrogante. O para ser más exactos, la arrogancia era un escudo protector, una forma de defenderse de la estupidez, tan abundante entre los físicos del CERN como en cualquier otro colectivo. Y Antoine no soportaba a los estúpidos, ni a los pomposos encantados de haberse conocido, ni a los trepas, ni a los tontos que opinaban sin saber. Es decir, no soportaba a casi nadie. Pero cuando uno trabajaba con él, codo con codo, se encontraba al científico agudo, amable ---no fue fácil entender sus filtros de Kalman ni sus listas enlazadas, pero jamás dio señales de impaciencia en sus explicaciones--- y enamorado de su trabajo. Esa devoción era contagiosa, así que acabé pasándome al lado oscuro (es decir, francés) de la fuerza. Al final, la colaboración aceptó el código, pero fue rengando y a disgusto, en lugar de otorgarles el crédito que merecían y mostrar el imprescindible agradecimiento. No sería la última vez que Antoine tendría que pagar el impuesto que los mediocres exigen a todos aquellos que, no contentos con ser mejores que ellos, no se toman la molestia de ocultarlo.

Con todo, aquellos fueron buenos años. La panda de Antoine incluía bastantes rusos, con los que hice fácilmente amistad. No eran pocos los días en los que una jornada maratoniana de trabajo se extendía en una velada que no terminaba hasta el alba, brindando por todo lo divino y todo lo humano. A lo largo de muchas de aquellas noches inolvidables, pude constatar otra curiosa cualidad de Antoine, a saber, su resistencia paranormal al vodka.

Entre brindis y brindis, entre risas y chistes, la conversación, a menudo se volvía seria. Cierto, éramos una pandilla de chavales furiosos, con ganas de comernos el mundo. Pero también éramos templarios, poseídos por la locura de la ciencia. Esa locura, esa necesidad de entender de qué está hecho el mundo, esa curiosidad malsana que nos hacía trabajar de sol a sol, esa tenacidad obstinada, esa felicidad cuando examinábamos nuestros datos a la búsqueda de una señal que demostrara que los dados de Dios estaban cargados, era el hilo de Ariadna que guiaba nuestra amistad, en el laberinto de una profesión donde no faltan los Minotauros y donde Jasón, como todos los traidores, siempre abandona a Ariadna en Naxos.

En tres décadas de amistad, Antoine y el que suscribe hemos tenido más de una ocasión de saborear el triunfo y el fracaso, la gloria y el destierro. NOMAD no encontró las oscilaciones, pero todo lo que aprendí aquellos años me fue útil en el experimento K2K en Japón, que sí las encontró. Antoine, por su parte, se embarcó en una aventura digna de su carácter. Va con el personaje las noches de infinitas estrellas y el cielo hasta decir basta de la Pampa Argentina, donde Antoine se convertiría en uno de los más importantes artífices del experimento Pierre Auger. De sus andanzas y la de otros físicos de su calibre, puede disfrutar el lector a lo largo de este delicioso libro.

Juan José Gómez Cadenas

Revoluciones

He vivido casi siempre con la idea de que nos rodeaba un espacio inmutable y eterno, convencido de que el espacio y el tiempo eran unos entes absolutos y habían existido desde siempre. Soy físico de altas energías y sé que no es así, pero es difícil de aceptar.

En la segunda mitad del siglo XIX, muchos físicos pensaban que su disciplina se había agotado, que habíamos llegado al final de la física. La gravitación de Newton, la termodinámica de Carnot, las ecuaciones de Maxwell, que unifican la electricidad y el magnetismo, imponen la industrialización de Occidente. La máquina de vapor, la mecánica celeste, la aviación, el teléfono, la radiofonía, son algunos de los numerosos avances que la física de entonces, la que hoy en día se conoce como física clásica, nos ha regalado a los seres humanos. Pensábamos que lo habíamos comprendido todo, o casi todo. Combinado con el positivismo de August Comte («El amor por principio, el orden por base, el progreso por fin»), el progreso de las ciencias y las tecnologías prometía a los hombres un futuro radiante. Bien es cierto que algunas observaciones no acababan de encajar, pero se trataba sin duda de cuestiones de detalle que no tardarían en resolverse. O eso creíamos; sin embargo, no fue así. Al descubrimiento del efecto fotoeléctrico, de la radioactividad y de la constancia de la velocidad de la luz se sumó la interpretación de la radiación del cuerpo negro. En conjunto, estos fenómenos destruyeron la hermosa armonía y dieron lugar a una doble revolución: la mecánica cuántica y la relatividad general.

La física entra en una nueva era. Se comienza a trabajar con campos y probabilidades, herramientas matemáticas con las que describir una realidad tan alejada de lo que percibimos con nuestros cinco sentidos como lo está el hielo del fuego. Se formulan nuevas leyes, por doquier se impone la cuantificación. La materia se transforma en energía, la energía puede convertirse en materia. La célebre fórmula de Einstein, $E = mc^2$ identifica la masa de un cuerpo con una energía y permitirá explicar la potencia explosiva de la bomba nuclear. El espacio y el tiempo, entretejidos, constituyen la trama espaciotemporal. Las ecuaciones de la relatividad general le dan al espacio-tiempo la apariencia de un tejido elástico, de cuatro dimensiones, el cual se deforma, encoge o cede según los objetos que contiene o el observador que lo contempla. La física de partículas se construye a partir de las propiedades de simetría del vacío, el cual a continuación romperá el largo periodo de enfriamiento del universo. De este mundo tan sutil solo llegamos a percibir débiles trazos, gracias a unos instrumentos de medida cada vez más complejos y unos telescopios cada vez más gigantescos.

Las ecuaciones me describen un mundo que mi cuerpo no experimenta, el mundo de la relatividad y de la mecánica cuántica le son ajenos. Estoy atrapado en dos universos: por un lado, el de mi persona normal y corriente, la percepción de mi cuerpo; por otro, el de mi profesión como investigador, lo que exploran mis experimentos y detectores. Estos dos mundos no encajan, y he necesitado largos años de estudio hasta ser capaz de manejar las etiquetas, las ecuaciones y el vocabulario que permiten que el primero de ellos pueda describir y aprehender al segundo.

Pensemos en los primeros instantes del universo, «la gran explosión» (Big Bang), como lo llamó, a modo de burla, un físico inglés que no creía que algo así se hubiera producido.

El nombre cuajó, y la teoría del Big Bang se ha confirmado en buena medida mediante observaciones. Si explico a mis conocidos este nacimiento del universo y su expansión, las dos primeras preguntas que les vienen a la mente son estas: «¿Qué hubo antes del Big Bang?» y «¿Dentro de qué se expande el universo?» Son dos preguntas elementales que surgen espontáneamente si consideramos el espacio y el tiempo como inmutables y eternos. La física moderna tiene el descaro de anular esas preguntas. No había nada antes del Big Bang porque el propio tiempo no existía. El universo no se expande dentro de un espacio, el universo es, él mismo, su propio espacio. A esto, bien mirado, no le falta lógica: ¿cómo medir el tiempo o el espacio sí, hablando estrictamente, no hay de lo uno ni de lo otro? Lo único que hace un reloj es tic-tac: contar sucesos que ocurren a intervalos regulares. Si no existe nada, no hay sucesos que contar. El espacio delimita objetos distintos; sin objeto, no hay espacio. Así pues, el tejido espacio temporal, el espacio-tiempo, habría aparecido al mismo tiempo que la materia para formar el universo. Desde entonces se está inflando inexorablemente. La eliminación de nuestras dos preguntas en modo alguno explica el origen del Big Bang, pero sirve para mostrarnos hasta que punto la física moderna se aleja de los conceptos cotidianos.

En la actualidad, la física fundamental se enorgullece del indiscutible éxito que han tenido sus modelos: el modelo estándar de física de partículas que describe lo infinitamente pequeño, y el modelo estándar de cosmología que describe la evolución del universo desde una diminuta fracción de segundo después del Big Bang hasta el día de hoy. Y, sin embargo, sabemos que estos modelos son incompletos. Hay elementos que faltan, no lo comprendemos todo. El nexo aparentemente muy íntimo que une el espacio-tiempo y la materia, el que estaba ya presente en los primeros instantes del universo, en la primera fracción de segundo, este nexo sigue siendo un desafío para la física moderna y estamos convencidos de que nos reserva nuevas sorpresas. Al igual que los físicos de mediados del siglo XIX, tenemos teorías de gran belleza que explican lo esencial de nuestras observaciones, pero tal vez, a diferencia de quienes nos precedieron, somos conscientes de sus límites. Hoy en día desconocemos en qué dirección deberán evolucionar estas teorías y qué nuevos mundos nos revelarán. Como hizo Cristobal Colón, construimos magníficas naves, las dotamos con nuestros mejores instrumentos y partimos rumbo a América. Pero el océano es inmenso y nuestros únicos puntos de referencia son esos elementos que echamos en falta en nuestras hermosas teorías.

¿Acaso nos encontramos, como a mediados del siglo XIX, al alba de una nueva revolución? Lo ignoro, pero de lo que no hay duda es que nos queda mucho por descubrir. Nada más comenzar el siglo XX, un fenómeno anodino, la descarga espontánea de los objetos cargados, condujo a los físicos al descubrimiento de los rayos cósmicos, esas partículas extraterrestres que bombardean la Tierra. Llevan siendo estudiados más de un siglo y han ayudado a formular, comprender y poner de relieve nuevas teorías. La atenta observación de estos rayos y el estudio de sus propiedades fue recompensado con unos descubrimientos asombrosos: nuevas partículas, la antimateria... Con el tiempo se consiguió desvelar el mundo de la física cuántica y las partículas elementales. Actualmente le sirve de fundamento a la física fundamental moderna.

1. Despegue

Un sacerdote en lo alto de la Torre Eiffel, Víctor en globo

París, finales del siglo XVIII. Charles de Coulomb constata por enésima vez que sus esferas de médula (el tejido esponjoso que se encuentra, por ejemplo, en el interior de los bambúes), una vez cargadas eléctricamente, se descargan espontáneamente. Ha verificado, por supuesto, el aislamiento. Sus esferas sólo están en contacto con el aire que no es conductor... Entonces, ¿por qué esta descarga espontánea?

Charles se interesa por los efectos que las cargas ejercen unas sobre otras. De sus estudios deducirá una ley que lleva su nombre, la ley de Coulomb que describe la fuerza entre dos cargas eléctricas en función de su distancia. El problema de la descarga de sus esferas vegetales le molesta, pero no es la mayor de sus preocupaciones y en todo caso no dispone de la artillería científica para encontrar el origen del problema. Un siglo más tarde, a finales del XIX, el problema resurge de nuevo cuando los físicos de la época observan por su parte que los electroscopios, unos pequeños instrumentos que se usan para medir la carga eléctrica de un objeto, también se descargan. En física, las observaciones inexplicadas, los problemas no resueltos, no desaparecen como por ensalmo, sino que nos hacen frente con la fuerza de la eternidad. Uno de los principios fundamentales de esta disciplina se basa precisamente en el hecho de que las leyes de la naturaleza no varían con el tiempo; son las mismas en todas partes y en todas las épocas. Un experimento que se repite en condiciones idénticas ofrecerá siempre el mismo resultado. Una observación inexplicada regresará ineluctablemente, se repetirá sin descanso, a la espera de una interpretación coherente que nos permita finalmente comprender su origen.

El electroscopio es un instrumento la mar de simple: la medición se basa en el hecho de que dos cargas eléctricas iguales se repelen, de la misma manera que los polos iguales de dos imanes. Basta con poner el objeto cargado en contacto con el electroscopio, en el cual hay dos láminas delgadas de metal sujetas entre sí por un extremo. Las hojas se cargan y para tomar la medida hay que fijarse en cuánto se alejan la una de la otra. No es un aparato de gran precisión, pero las indicaciones que da son suficientes. Ahora bien, hay algo que falla: una vez se ha tomado la medida, ¿por qué las dos hojas metálicas vuelven siempre a adherirse, incluso sin que toquemos nada? Es una lata esto de la descarga espontánea. ¿Cómo podemos obtener medidas más exactas si el propio instrumento no mantiene la carga? ¿Es un fallo de diseño? Las hojas de metal están en un globo de vidrio que forma una bombilla. El punto de apoyo está bien aislado, se han verificado, mejorado, ensayado muchos tipos de aislantes, pero no hay manera, el electroscopio se descarga espontáneamente. Parece como si el aire, que, sin embargo, es un aislante muy bueno, dispusiera permanentemente de cargas libres que van a adherirse a las hojas del electroscopio, provocando así su descarga. ¿De dónde vienen estas cargas? Si había algunas cargas libres en la bombilla del electroscopio ¿por qué no desaparecen después de varios usos? ¿Qué es lo que está continuamente regenerándolas?

Estamos en el año 1890. Antoine Henri Becquerel no se ocupa de la descarga de los electroscopios, tiene cosas más importantes que hacer. Estudia la luminiscencia de los elementos después de su exposición al sol. Cuando yo era niño, en los años 70, los objetos fosforescentes estaban también muy de moda. Había relojes, pasta para modelar, pequeños extraterrestres de plástico. Podía pasarme horas calentándolos al sol o bajo una lámpara, intentando que brillaran cada vez más. Yo no soy Becquerel. Él era mucho más serio, pero me parece divertido pensar que él hacía cosas que en el fondo eran lo mismo que lo que hacía yo. Un día que estaba en la Academia de las Ciencias, Henri Poincaré, uno de los más brillantes físicos y matemáticos de finales del siglo XIX, le enseñó una carta que había recibido de su colega Wilhelm Röntgen, quién aseguraba haber descubierto un extraño tipo de radiación, invisible al ojo desnudo, capaz de atravesar pequeñas cantidades de materia antes de imprimir placas fotográficas. Wilhelm, quien tenía mucha imaginación, le había puesto a esta radiación el nombre de «rayos X», la letra con la que se suele designar la incógnita en una ecuación matemática. Produjo sus famosos rayos X con un tubo de Crookes, algo así como el antepasado del tubo que tenían los televisores en mi juventud, antes de que se generalizara la pantalla plana. Hizo una radiografía de la mano de su esposa, la primera radiografía pública de la historia. En su época resultó muy impresionante. Wilhelm, que de hecho había comenzado con una radiografía de la mano suya, creía haber visto su propia muerte.

Antoine Henri estaba absolutamente decidido a averiguar si los elementos luminiscentes también producirían rayos X tras exponerlos al sol. Inició una serie de experimentos con sales de uranio que le había dejado su padre (científico también, igual que su abuelo y posteriormente su hijo; una auténtica tradición familiar). Las sales de uranio son mucho más luminiscentes que todos los demás elementos que poseía Antoine Henri, y él se imaginó que sí las sustancias luminiscentes producían rayos X, entonces las sales de uranio serían las más potentes. Las expuso al sol en el alféizar de la ventana de su despacho, sobre placas fotográficas cuidadosamente envueltas en cartón negro. ¡Victoria! Las sales generaban imágenes a través del cartón. Tras una primera conferencia en la Academia de las Ciencias el 24 de febrero de 1896, Becquerel preparó nuevas placas para la sesión del 2 de marzo. Pero durante cuatro días el cielo parisino se mantuvo cubierto y las placas con sus sales siguieron en el fondo del cajón. La víspera de la sesión en la Academia, el 1 de marzo, Antoine Henri decidió revelar las placas, a pesar de todo; no se iba a presentar allí con las manos vacías. Era posible que les hubiera llegado algo de luz antes de pasar al fondo del cajón ¿y por qué no asegurarse, para tener la conciencia tranquila de que, sin exposición, no hay imagen? Pues no dio crédito a sus ojos al comprobar que en las placas aparecían imágenes, y que además estaban entre las más nítidas que había obtenido hasta entonces.

Igual que los príncipes de Serendip, Antoine Henri supo sacar provecho de esa información inesperada. Repitió varias veces el experimento y acabó por convencerse de que los rayos que producían la impresión en las placas no tenían nada que ver con la luminescencia de las sales de uranio. Se trataba de una propiedad del uranio en sí mismo, el cual en estado de metal puro no es luminiscente. Dotado de una imaginación todavía mayor que la del señor Röntgen, dio a su nuevo descubrimiento el nombre de «rayos uránicos».

El asunto podría haber quedado ahí. Los rayos X de Wilhelm eran mucho más fáciles de producir que los rayos uránicos de Antoine Henri, en todos los laboratorios había tubos de Crookes, y se obtenían unas imágenes mucho más nítidas. El interés por los rayos uránicos disminuyó considerablemente. Afortunadamente, una joven científica polaca se enamoró de Pierre Curie y buscando un tema de tesis se decidió por la radiación de Becquerel. Marie Curie y su esposo Pierre llegarían a descubrir la radioactividad y dos elementos radioactivos naturales adicionales, el polonio y el radio. Un nuevo fenómeno natural, del que nada se sabía hasta entonces había hecho su aparición. Antoine Henri, Pierre y Marie compartieron el premio Nobel de física en 1903. En 1911, Marie, una investigadora simplemente excepcional, obtuvo otro más, esta vez en química.

Ahora bien ¿qué relación hay con los electroscopios que se descargan solos? Wilhelm se había dado cuenta de que los rayos X también se descargan y había concluido que estos rayos cargaban (dicho en lenguaje científico, «ionizaban») el aire de la bombilla, de forma que eran estas las cargas que anulaban las del electroscopio. Antoine Henri había comprobado que sus rayos uránicos hacían lo mismo, y que la velocidad de descarga aumentaba con la potencia de la fuente. Por su parte, Pierre y Marie habían descubierto que la emisión de rayos uránicos era un fenómeno natural, relacionado con otros elementos de la sal de uranio. Los rayos uránicos se unen al cortejo de las radiaciones asociadas a la radioactividad, es esta la que consideramos responsable de la descarga de los electroscopios. Como ciertos elementos naturales son radiactivos, la Tierra, que los contiene, estaría en el origen del fenómeno. Sería pues la Tierra, radiactiva, la que ioniza el aire que está en la bombilla del electroscopio y hace que se descargue lentamente. Resuelto.

Obviamente, no es este el fin de la historia. El libro no puede acabarse tan rápido, mi editora jamás me habría pedido que lo escribiera. Además, el título de este capítulo «Despegue» y su subtítulo, «Un sacerdote en lo alto de la Torre Eiffel, Víctor en globo», sugieren que aquí hay gato encerrado. Antes de continuar, conviene introducir un poco de nomenclatura. Los rayos uránicos de Becquerel, producto de la desintegración del uranio, del radio o del polonio, contienen, en realidad, tres tipos de radiación diferente, los rayos alfa, beta y gamma (denominados así a partir de las tres primeras letras del alfabeto griego, ya sabemos que nuestros físicos no carecen de imaginación). Los rayos alfa son núcleos de helio (formados por dos protones y dos neutrones y descubierto por Jules Janssen en 1868), los rayos beta son electrones (descubiertos por Joseph John Thomson en 1897) y los rayos gamma son cuantos de luz, lo que hoy en día llamamos fotones, muy energéticos (identificados por Paul Villard en 1900). La clasificación de las radiaciones se hizo (antes de entender con detalle de qué se trataba cada cosa) según su capacidad de penetración en los gases o la materia. A los rayos alfa, unos pocos centímetros de aire los absorben completamente, a los rayos beta, unos cuantos metros, y casi 100 metros no absorben más que la mitad de los rayos gamma.

Pero retomemos nuestra historia. Hacia 1900, Theodor Wulf, un sacerdote jesuita, prepara un electroscopio mucho más robusto y más preciso que los anteriores. Como la mayoría de sus colegas físicos, era un genio del bricolaje, puesto que en física el descubrimiento de nuevos fenómenos se relaciona, invariablemente, con medidas más precisas tomadas con instrumentos innovadores. De este modo Pierre y Marie Curie descubrieron la radioactividad gracias al electrómetro piezo-eléctrico que Pierre había desarrollado con su hermano Jacques. Los físicos siguen hoy en día buscando instrumentos más precisos y con más funcionalidades que los anteriores. Y es que la física moderna, que por su naturaleza sondea los rincones más apartados de la materia o del universo, exige instrumentos cada vez más complejos, que a menudo requieren el equivalente de varios miles de años de trabajo de ingenieros (cientos de ingenieros, trabajando durante varias decenas de años) para desarrollarlos y construirlos. Y eso sin mencionar el dinero. Si bien, en la mayoría de los casos, no se trata más que de una fracción despreciable del coste de un portaaviones nuclear, la investigación en física moderna solo está al alcance de los países más desarrollados.

Pero sigamos con Theodor. Provisto de su electroscopio de competición, se propone averiguar con certeza si la descarga se debe a la ionización del aire inducida por la radiactividad natural de la Tierra. Existe una gran variedad de medidas, realizadas en Inglaterra, Alemania y Suiza, a nivel del mar, en terreno montañoso, en túneles subterráneos y bajo el mar. Las medidas no son fáciles de conciliar con la hipótesis de partida, pero tampoco permiten sacar conclusiones definitivas debido a la escasa precisión de los electroscopios corrientes. El propio Theodor toma una serie de medidas en diferentes sitios que muestran gran variabilidad, pero siguen siendo compatibles con un origen terrestre de las radiaciones. La Tierra no ha dejado de ser la fuente teórica privilegiada de las radiaciones que producen la ionización del aire. Por ello, Theodor decide que es necesario alejarse de la superficie del suelo y así comprobar si la descarga se hace más lenta al aumentar la distancia. De acuerdo con los estudios sobre la absorción de la radioactividad del radio, concluye que la velocidad de descarga debería disminuir en un factor de aproximadamente dos cada 80 m (su cálculo es correcto). Ya solo queda encontrar un lugar donde realizar los experimentos. ¿Habrá algo más indicado que la Torre más alta en toda Europa y que se encuentra a una distancia de menos de medio día de viaje? Construida con motivo de la Exposición universal de París en 1889, la torre Eiffel y sus más de trescientos metros de altura deberían permitir observar una velocidad de descarga entre 10 y 20 veces más lenta en su ápice que en la base. Durante cuatro días, Theodor asciende y desciende la torre, a pie, sin descanso; observa, anota, repite, verifica sus cálculos.

No hay nada que hacer: es cierto que la velocidad disminuye, pero ni siquiera en un factor dos. Hay algo que falla. Sus electroscopios son fiables, parecen funcionar perfectamente. Entonces ¿hay que rechazar la hipótesis de la Tierra como fuente de las radiaciones? Sin embargo, es una explicación que tiene mucho sentido. Si no es la radioactividad natural ¿qué podría ser? Por regla general, hacen falta muy buenas razones (entiéndase: medidas irrefutables) para que un físico acepte abandonar una idea simple a cambio de una hipótesis desconocida, aun cuando ésta pueda ser más atractiva y tener más renombre. Así pues, la comunidad científica de la época se resiste a admitir para la descarga de los electroscopios un origen que no sea la radioactividad terrestre. La torre Eiffel es única, y esto es un punto débil, ya que no se puede repetir el experimento en condiciones similares en otro lugar, lo cual es algo fundamental para la ciencia. Por otra parte, ¿el metal de la torre no atrae las radiaciones? ¿Cómo lo podemos saber? ¿Se podría haber colado un error en el cálculo de la absorción de los rayos gamma? Con el tiempo, los resultados del pobre Theodor Wulf se fueron olvidando.

Hubo que ir más lejos y sobre todo subir a mayor altura. Victor Hess, un erudito audaz, fue la persona que salvó la situación. Igual que Theodor, lo primero que hizo fue mejorar los electroscopios con el fin de que resistieran los cambios de presión y las condiciones meteorológicas variables. Posteriormente, entre 1911 y 1913, emprendió una serie de 10 ascensos en globo, de los cuales el más peligroso superó una altura de 5000 metros. Estos experimentos se llevaron a cabo mayormente de noche, cuando las condiciones meteorológicas son más estables. Victor comprobó que la ionización del aire disminuye ligeramente entre los cero y los 1000 metros y a partir de ahí aumenta hasta alcanzar, a una altura entre 4000 y 5000 metros, el triple del valor que se mide a nivel del mar. Concluyó que la única explicación posible era que una radiación extremadamente penetrante, con más capacidad de penetración que los rayos gamma de la radioactividad, llegaba de la parte alta de la atmósfera. Los llamó rayos «ultragamma». Excluyó al sol como posible origen, ya que se habían tomado medidas por la noche y durante un eclipse. En realidad, no estaba demostrando nada, pero casualmente, la conclusión era en parte correcta. A finales de 1912 escribió en la revista alemana *Physikalische Zeitschrift*: «Los primeros resultados de mis observaciones se explican de la manera más sencilla con la hipótesis de que una radiación extraordinariamente penetrante entra por la zona más elevada de la atmósfera y provoca, incluso en las capas más bajas, parte de la ionización del aire que se observa con los electroscopios».

Oscilaciones

$$P_{\nu_\mu \to \nu_e} = \sin^2(2\theta_{12}) \sin^2(\frac{m_{12}^2 L}{4E})$$ [2]

Junio de 1980, en el instituto Van Dongen, resultados del bachillerato, serie C, que entonces significaba Ciencias. He aprobado, mención suficiente, con 191 puntos sobre un mínimo de 190. Mi profesor de física me alcanza la pequeña hoja azul que certifica el éxito y añade: «si hubiera sido yo, Letessier, ¡no le habría dado ese punto!» Una especie de ironía. En aquella época yo no sabía, y mi profesor de física no podía imaginar, que yo llegaría a ser físico, menos aún investigador en el CNRS; ni sabía qué significaban esas siglas. A los 18 años yo solamente quería seguir haciendo música y convertirme en una estrella del rock. Mi poco talento como músico me hizo cambiar de decisión.

Siete años más tarde en Long Island, extrarradio de Nueva York, laboratorio nacional de Brookhaven. Investigo sobre las oscilaciones de los neutrinos, unas partículas escurridizas e inaprehensibles que solo una gran cantidad de materia consigue, a veces, detener. Llevo dos años trabajando sobre mi tesis. El equipo francés del que formo parte ha construido un detector de varias decenas de toneladas para capturar unas cuantas de estas partículas fantasmales. Confiamos en registrar la demostración de que los neutrinos, de los que se conocen tres tipos distintos, se transforman unos en otros,

[2]Probabilidad de transición de un neutrino muónico a un neutrino electrónico en un modelo de dos sabores.

que oscilan, durante el breve viaje que separa su creación de su absorción. Desde el blanco del acelerador, donde se crean al ritmo de decenas de miles por segundo, hasta el corazón de nuestro detector, donde por término medio solo uno de ellos se absorberá, hay 130 metros. A la velocidad de la luz, el viaje dura menos de una millonésima de segundo.

Cuando el acelerador está en marcha, como esta tarde de 22 de abril de 1987, hacemos turnos para controlar sin interrupción el transcurso del experimento. Estoy solo en la sala de control, Pierre, ocupado también con su tesis, ha ido a verificar el flujo de gas y las altas tensiones. Escucho a Mozart, el concierto para piano número 24. Mis padres me acaban de llamar; cumplo los 25 años hoy. Ellos se preguntan qué podré estar haciendo en plena noche a una distancia de casi 6.000 kilómetros de ellos. He intentado explicárselo muchas veces. Los neutrinos son primos de los electrones y de los hermanos mayores de estos, los muones y los taus. ¿Muones, taus? Sí, respondo yo, son electrones grandes, de un tamaño 200 veces mayor en el caso del muon, 3.500 veces mayor para el tau. Los neutrinos son sus primos, cada uno tiene el suyo: el neutrino electrón es el primo del electrón, el neutrino muon el del muon, el neutrino tau el del tau. ¿Sencillo no? Pues, además, los primos se mezclan. Fabricamos un neutrino muon y durante su viaje se convierte en un neutrino electrón o un neutrino tau. No estamos seguros, de que eso sea así, explico, es posible, pero para poder transformarse, es necesario que los neutrinos, tengan masa. «Ah, vale», me contestan. Mis padres, por supuesto, no tienen ni idea de lo que estoy diciendo.

Una persona que se dedica a la física no lo tiene fácil para explicar lo que hace. En las veladas sociales, en las que cada uno, para conocerse, dice algo de su profesión, cuando un físico habla de lo suyo hay dos clases de reacciones. En el primer caso, uno aprende todo sobre las dificultades que entrañan las ciencias —en particular, las ciencias de su interlocutor—. Asignatura vilipendiada en la enseñanza secundaria, transformada por su facilidad en arma de selección masiva, las matemáticas producen en la mayoría de nuestros contemporáneos una mezcla de respeto y de orgullo por no haber comprendido nunca nada. En el segundo caso, que uno imagina más favorable, nos interrogan. ¿Físico? Sí, físico de altas energías, o físico de partículas. ¿O sea? Llegados a esta fase, nos quedan menos de tres minutos para explicar lo que has aprendido, con dificultad, durante los últimos siete años de tu vida de estudiante, antes de que el aburrimiento se instale definitivamente en tu (ex) admirador(a). Hay que resignarse: para un físico, hablar de su profesión no es una buena forma de hacer amigos. Es preferible tener otros temas de conversación.

Más tarde, con los amigos ya establecidos, en una comida, o yendo de tapas, las circunstancias pueden ser más favorables. Un tema de actualidad o una noche estrellada ofrecen la ocasión de decir algo, no mucho, sobre la extraordinaria complejidad del mundo. Esos instantes son preciosos. Ahí es cuando la inmensidad de la naturaleza y sus misterios despiertan en nosotros la extraordinaria voluntad de los hombres de desvelar sus secretos. A menudo nos conmueve, a ellos y a mí.

2. Nubes

Donde nos ha parecido oír los átomos

En 1911 y 1912, Victor Hess presenta sus resultados en Karlsruhe y en Munster. En 1913, se debaten en el gran congreso de naturalistas y médicos alemanes que se celebra en Viena. Acuden siete mil personas, Allí está Theodor Wulf así como Werner Kolhoerster, quien también ha hecho varios vuelos en globo. En su presentación, Werner, que ha estado a más de 6.000 metros de altura, confirma los resultados de Victor. Al año siguiente ascenderá a más de 9000 m y observará que la ionización del aire supera a la del sol en un factor de 50. Todo parece estar en su sitio, pero reina el escepticismo. Esa hipotética radiación ni siquiera tiene nombre. Radiación Hess para unos, rayos de altura para otros. La hipótesis de que una radiación llega del exterior y bombardea la atmósfera está lejos de ser aceptada. Dos físicos tendrán un papel crucial, aunque muy a su pesar. Charles Thomson Rees Wilson, experto meteorólogo que piensa que la radiación no penetra por la atmósfera exterior, sino que tiene su origen en la formación de tormentas, y Robert Andrew Millikan, quién sigue convencido de que procede de elementos radiactivos presentes en las capas superiores de la atmósfera.

Charles Wilson, nacido en Escocia, ha dedicado mucho tiempo al estudio de las nubes y su formación. Es el inventor de lo que los ingleses llaman «cámara de nubes» y para nosotros es una cámara de niebla, un invento genial que ha dado lugar a muchos descubrimientos. Estamos en 1894. Charles es asistente del laboratorio meteorológico del monte Ben Nevis, en Escocia, el pico más alto de las islas británicas. Contempla la niebla ante él y ve cómo se forma una «gloria», una aureola de luz coloreada que rodea su sombra. El deseo de reproducir este efecto en el laboratorio lo lleva a estudiar con mayor detalle la formación de las nubes. Fabrica una caja con un lado transparente que hace las veces de ventana y la rellena con aire saturado de vapor de agua. Haciendo variar la presión del aire, puede provocar la condensación del vapor y observar cómo se forma la bruma, minúsculas gotitas de agua en suspensión. Charles comprende que las gotitas de agua no se forman en cualquier lugar, sino que el proceso comienza con las diminutas partículas de polvo que están en suspensión en el aire. Imagina que repitiendo unas cuantas veces las variaciones de presión, las gotitas se llevarán consigo el polvo en el que se han formado y, en un instante, el aire de la caja estará completamente limpio. Llegados a este punto, es de esperar que la condensación sea muy difícil o incluso imposible de provocar, y que dejen de formarse las gotitas. Pues no. En efecto, la formación de gotitas disminuye durante los primeros ciclos, pero se estabiliza siempre a un nivel no nulo. Charles repite una y otra vez los ciclos de condensación, pero en la caja siempre quedan unas zonas dispersas aleatoriamente donde se forman las gotitas.

Ante un fenómeno inesperado, el gran científico reflexiona y busca. Su cámara de niebla continúa formando gotitas, a pesar de que no debe haber quedado nada de polvo en suspensión. Charles concluye por tanto que debe haber algo, distinto del polvo, que permite poner en marcha la condensación. Su interés por los fenómenos eléctricos y las tormentas, así como su buen conocimiento de los datos y las cuestiones científicas de su época le indicarán la dirección correcta. La presencia de cargas eléctricas en el aire ¿también hace que se formen gotitas? La ionización del aire, que descarga los electroscopios, ¿no es también responsable del funcionamiento inesperado de su cámara de niebla?

Charles la expondrá a los rayos X de Wilhelm Röntgen, los cuales, según se acaba de constatar, ionizan el aire. Él coloca la cámara delante del tubo de Crookes, pulsa el disparador y acciona la depresión inmediatamente. Aparecen miríadas de gotitas. Charles ha entendido el problema y mata dos pájaros de un tiro: no solo se verifica su hipótesis, la ionización genera la condensación, sino que además dispone de un medio para visualizar los iones presentes en el aire. Su cámara de niebla es un detector que permite ver, con el ojo desnudo, o registrar en una placa fotográfica, las zonas de aire ionizadas. Muy rápida, la cámara hace visibles las trazas que dejan, al pasar por el aire, los rayos alfa y beta emitidos por las sustancias radiactivas. Posteriormente, permitirá poner de manifiesto el efecto Compton, el rebote, (la colisión elástica, en lenguaje científico) de un rayo gamma (esto es un fotón de energía alta) en un electrón. En 1927 este genial invento le valió el premio Nobel de física a Charles Wilson, compartido con Arthur Compton.

Todavía hoy en día, los detectores de partículas, incluso los más perfeccionados, siguen funcionando de acuerdo con el mismo principio. Las partículas cargadas ionizan la materia y esta ionización se amplifica de una manera o de otra, para que los instrumentos electrónicos la puedan medir. En la cámara de Wilson, las goteras que se forman sobre las cargas son lo que permite visualizar la ionización con el ojo desnudo. Hoy en día es suficiente multiplicar las cargas eléctricas por diversos procedimientos y registrar la señal eléctrica resultante con aparatos electrónicos, pero en el fondo es el mismo principio.

En 1913, un físico alemán, Hans Geiger, se imagina un contador basado en estos principios, y lo lleva a la práctica con Walther Müller en 1928. El contador Geiger-Müller (violinista –molinero) es sencillo de construir, de utilizar, y es portátil.

Se hizo extraordinariamente popular y halló numerosas aplicaciones. El pequeño cilindro metálico que portan los científicos con escafandra futurista y su crepitar característico hará las delicias de los espectadores, de *James Bond* a *Star Trek*, pasando por *2001 una odisea en el espacio*. Posteriormente, en los años 60, pero siempre con el mismo principio de amplificación de la ionización, George Charpak desarrollará las cámaras a la deriva, que se utilizarán en física de partículas durante más de 50 años, y por las cuales recibirá el premio Nobel en 1992. El genial invento de Charles Wilson tendría un considerable impacto en el desarrollo de la física nuclear, en el descubrimiento de nuevos efectos y partículas desconocidas, así como, obviamente, en el estudio de los rayos cósmicos.

Pero aún no estamos ahí. Al regreso de la Primera Guerra Mundial, y hasta mediados de los años 20, Charles y otros siguen pensando que los rayos de Hess se deben, bien a las tormentas, bien, como opina Robert Millikan, a elementos radiactivos contenidos en el aire a gran altitud. Para Robert, la hipótesis de un origen extraterrestre de las radiaciones observadas por Hess y Kolhoerster no queda demostrada con sus medidas. No obstante, decide participar en estos estudios y en particular controlar, reproducir y completar los resultados de Hess. A partir de 1914 pasa varios años perfeccionando unos electroscopios automáticos que se embarcarán en globos sonda. Debido a la guerra y a las dificultades de la puesta a punto, el primer vuelo automático tuvo que esperar hasta 1922. Se lanzaron desde Texas cuatro globos sonda. Funcionaron de maravilla y alcanzaron la estratosfera, a más de 15 km desde el nivel del mar. Los datos son claros y demuestran sin la más mínima duda que la tasa de ionización del aire, tras disminuir en los primeros 1000 m aumenta continuamente a partir de ahí. Quedan confirmados los resultados de Victor. Sin embargo, en una serie de artículos que publicó en 1926, Robert escribe que, aunque sus datos son aceptables cualitativamente, es decir, a grandes rasgos, los de Victor se alejan cuantitativamente, en el detalle. En particular, sostiene que el aumento de la ionización con la altura y la absorción de la radiación por la atmósfera son mucho más débiles que la estimación hecha por Victor.

Mientras tanto, en 1923, Robert ha ganado el premio Nobel de física por su investigación, sobre el efecto fotoeléctrico y, sobre todo, por medir la carga del electrón[3]. Gracias a esto se hace muy popular en los Estados Unidos. En 1926, el New York Times publica el siguiente editorial, titulado «los rayos de Millikan»[4]:

> «El Dr. R. A. Millikan se ha aventurado hasta los confines más elevados de nuestra atmósfera en busca de una misteriosa radiación que perturba los electroscopios de los físicos. Sus investigaciones, que realiza con paciencia y espíritu aventurero desde hace 20 años, finalmente han sido coronadas por el éxito. Ha descubierto unas radiaciones indomables, más potentes y penetrantes que los rayos domésticos o terrestres que se dirigen hacia la Tierra. El mero descubrimiento de esta radiación es un triunfo del espíritu humano, que debería sobresalir entre los sucesos capitales del momento. La propuesta de ponerles a estos rayos el nombre de quien los descubrió es de esas que sus compañeros científicos deben apoyar. "Los rayos de Millikan" deben figurar en el atlas de nuestros descubrimientos científicos, ahora que se los va a asociar con un hombre cuya personalidad es tan fina como modesta».

[3]Al medir con gran precisión la carga de gotas de aceite de diferentes tamaños, observó que esta carga es siempre un múltiplo entero de una carga elemental que se identificará con la del electrón.

[4]The New York Times, 23 noviembre 1925.

Otras revistas retomarían luego este artículo y sus ideas.

Victor Hess se siente confuso: ¿no fue él el primero en plantear la hipótesis de una radiación extraterrestre? Los «rayos cósmicos», como los llamó Millikan en un artículo publicado en 1925 por la revista estadounidense Nature, ¿acaso no son sus criaturas? Se queja ante Robert, el cual le responde con sonrisa beatífica diciendo que son los periodistas los que le han asignado esa paternidad. Sin embargo, no llegó a publicar un desmentido referente a esa expresión quizás excesivamente halagadora. Se reconciliaron en 1936, cuando Victor obtuvo finalmente el premio Nobel de física por este descubrimiento. En esta ocasión, Robert le transmitió una cálida felicitación. Tanto los que somos físicos como los que no lo son, tenemos, como todo el mundo, nuestras desavenencias, nuestros celos, nuestras mezquindades. La pasión nos mueve y nuestro trabajo exige una constancia que a menudo adquiere visos de obsesión. Las querellas científicas son ardientes y, lo que es más vergonzoso en nuestra profesión, a menudo están teñidas de prejuicios. La teoría que Robert desarrolló sobre el origen de los rayos cósmicos y el ardor con el cual se agarró a ellos es un ejemplo esclarecedor.

En 1926, para Robert Millikan, como para la mayoría de los físicos, los rayos cósmicos son fotones de alta energía, es decir, rayos gamma idénticos a los que se observan en la radioactividad, pero de energía más elevada. Es una hipótesis natural, ya que los rayos gamma son los más penetrantes (los que son absorbidos en menor grado por la materia o la atmósfera) qué conocemos. Robert estudia con detalle la absorción de los rayos cósmicos por la materia. Recortando sus observaciones de una forma un poco arbitraria, deduce que los rayos cósmicos se dividen en tres grupos. Cada grupo tiene una energía definida que Robert asocia a la formación, en el cosmos, de los elementos más comunes, exceptuando el hidrógeno: el helio, la serie carbono-nitrógeno-oxígeno y el silicio. Esta interpretación le proporciona certeza: indica que el universo se renueva constantemente. Ya no corre el riesgo de muerte térmica, que en aquella época se comenzaba a distinguir, asociada a un interminable proceso de enfriamiento. Un mecanismo algo misterioso basado en la fusión de protones, produce continuamente la materia que lo rellena. Los rayos cósmicos son los fotones que se emiten durante esta síntesis, el grito de nacimiento de los átomos generados en el espacio intersideral. ¡Magnífico! En un editorial del New York Times se lee: «el creador sigue ocupado». El gran público comenta, difunde, y por lo general acepta la teoría. Es muy reconfortante; un universo estable con un creador que sigue activo, negocio redondo para una sociedad tan impregnada por las religiones como los Estados Unidos a principios del siglo XX.

Pero resulta que todo es falso. Hoy en día sabemos que los rayos cósmicos no son fotones, los cálculos de absorción hechos por Millikan se basan en una descripción incompleta de las interacciones entre fotones y materia, y, por último, los átomos de carbono, de nitrógeno, de oxígeno o de silicio no se forman por fusión de protones. Arthur Compton, quien durante un tiempo compartió la teoría de Robert, se opone cada vez más a ella. La ardiente querella científica de nuestros dos premios Nobel, que el propio Robert describe como un «combate de perros rabiosos», se refleja en las revistas de la época. Arthur sostiene que los rayos cósmicos son partículas cargadas, un punto de vista irreconciliable con la teoría del grito de nacimiento de los átomos de Robert; para él, se trata de rayos gamma[5] eléctricamente neutros.

[5]Los rayos gamma son fotones de alta energía, pero en el momento de su descubrimiento aún no se conocían los fotones; fue más tarde cuando se identificó que se trataba de lo mismo. El nombre "rayo gamma" se mantuvo, al igual que "rayo X", aunque en ambos casos se trata simplemente de fotones.

A partir de 1927, se acumulan indicaciones experimentales a favor de la visión de Arthur. En la Unión Soviética, Dimitri Skolbelzyn ve en su cámara de niebla unos trazos verticales rectilíneos que él atribuye a los rayos cósmicos. Werner Kolhoerster se asocia con Walther Bothe y utiliza varios contadores Geiger-Müller. Al dispararlos simultáneamente, parecen indicar que una parte considerable de la radiación cósmica está cargada. Robert pone en duda estas medidas, razonando, que realmente no se sabe qué es lo que miden los contadores. Al mismo tiempo, varios científicos calculan que, si los rayos cósmicos están cargados, entonces el campo magnético terrestre debería desviar su trayectoria. Esta desviación dependerá de la carga de los rayos y de su dirección de llegada, este u oeste: habrá más rayos procedentes del oeste si la carga es positiva, menos si es negativa. La latitud del lugar donde se toman las medidas tendrá también su importancia, ya que el campo magnético de la Tierra depende de esta. Arthur Compton está entre los primeros que acuden a observar y medir que, en efecto, el número de rayos que atraviesan cada segundo su detector, lo que se denomina «flujo», depende de la latitud y de la orientación de la detección. A partir de 1934, todos aceptan más o menos la naturaleza cargada de los rayos cósmicos, aunque Robert se obstina. Posteriormente modifica su teoría asociando los rayos cósmicos, no con la creación de elementos, sino con su auto-aniquilación en el vacío del cosmos. Teniendo en cuenta los conocimientos adquiridos en física nuclear por sus contemporáneos, esta última teoría queda el papel mojado.

Robert Millikan no había sido deshonesto; sin duda, sufrió mucho por haberse equivocado y más aún por el hecho de que la naturaleza no hubiera apoyado sus creencias más profundas. Era un hombre de su tiempo, impregnado de la cultura de la época y, como muchos americanos a principios del siglo XX cristiano ferviente. A un físico, como a todo el mundo, le resulta muy difícil desprenderse totalmente de sus prejuicios, no esperar nada en particular cuando uno lleva a cabo un experimento, no esperar determinados resultados en lugar de más bien los otros. La historia de la física está salpicada de este tipo de trampas, pues siempre tenemos tendencia, aunque nos cueste admitirlo, a buscar un error cuando un resultado es sorprendente o inesperado, y dejar de buscar si se corresponde con nuestras expectativas. No culpemos a Robert Millikan, pero recordemos su historia y aquellas que la precedieron o vinieron después. Lo bonito del trabajo de físico consiste, precisamente, en procurar no alterar de ningún modo el mensaje que la naturaleza nos transmite; informar, con la más absoluta objetividad, del mundo que nos rodea.

Dinamo

$$\vec{\Delta} \times \vec{E} = -\frac{\partial \vec{B}}{\partial t}$$ [6]

¿Qué sabemos del mundo que nos rodea? ¿Hasta dónde llega nuestra curiosidad? ¿Cómo se difunde el conocimiento en nuestra sociedad? Mientras debatía del contenido de este libro con mi editora, en un momento dado, me interrumpió para preguntar: «la carga y la energía son lo mismo, ¿verdad?» No, le dije, pero realmente no supe que contestarle, tan obtusa me pareció su pregunta. ¿Cómo era posible que, a pesar de su inteligencia, su educación, su curiosidad y su cultura ignorara la diferencia entre dos conceptos fundamentales? ¿Por qué está la sociedad organizada de tal manera que la mayoría de las personas ignoran estas cuestiones, aun estando al alcance de todos? No sé, pero es algo que me inquieta. ¿Es todavía demasiado reciente nuestra historia?

De niño, solía frotar mi regla escolar contra mi chaleco y jugaba a atrapar las bolitas de papel. No sabía nada de cargas, ignoraba que al frotar la regla estaba arrancándole unos cuantos electrones de la superficie. Mis compañeros hacían lo mismo. No podíamos ser todos magos, con poderes ocultos, capaces de controlar la materia. No, nuestros ojos no tenían nada de mágico, era la materia la que nos mostraba sus propiedades. Recuerdo también que mucho más tarde, cuando era un joven adolescente, otra propiedad de la naturaleza me dejó sin palabras. Era a mediados de otoño,

[6]Una de las cuatro ecuaciones de Maxwell que describe, entre otras cosas, el principio de funcionamiento de las dinamos.

yo volvía del estadio montado en mi bici, era de noche. Veía bailar delante de mí la débil luz emitida por la pequeña bombilla del faro delantero. ¿Cuál era el milagro que hacía que mis pedaladas produjeran la electricidad necesaria para que la lámpara alumbrara? Pedaleando con más energía, regresé con la firme intención de abrir la dinamo para ver qué había dentro. ¿Cómo podía fabricar electricidad un pequeño cilindro? Imaginé que me encontraría con un enredo de cables y componentes electrónicos de lo más sofisticados. Me llevé una gran sorpresa, incluso una decepción, al comprobar que no había más que una bobina de hilo de cobre y varios imanes.

Un mecanismo complejo habría justificado mi ignorancia, pero ante una cosa tan simple me daba vergüenza no comprender.

Con la edad, aprendí a ponerles nombres y etiquetas a estos fenómenos. Una vez frotada, la regla se dice que está «cargada»: ha adquirido una carga eléctrica. Se convierte ahora en la fuente de un campo eléctrico, el cual puede atraer (o repeler) otros objetos cargados. Los físicos han averiguado que en la naturaleza solo hay dos tipos de cargas eléctricas, que alguien, en un momento de inspiración poética, decidió llamar «positivas» y «negativas». Las cargas de signo opuesto se atraen, las del mismo signo se repelen. Para describir la atracción o la repulsión entre las cargas, utilizamos los «campos», unas funciones matemáticas que adoptan valores en todo el espacio. El valor del campo creado por mi regla de escolar se puede calcular en cada punto del espacio y permite prever la fuerza a la que se expondrá una pequeña bola de papel cargada colocada en cada uno de estos sitios.

Si desplazamos una carga, el campo eléctrico creado por esta se desplaza con ella. Se deforma, y la deformación se propaga desde el punto de desplazamiento de la carga hasta el conjunto del espacio. Esta deformación que se propaga es una onda; onda que en este caso se conoce como «onda electromagnética», pues transporta información de los campos eléctricos y magnéticos. Hay todo tipo de ondas; ondas de presión que transportan el sonido, ondas sísmicas que propagan los temblores de tierra, ondas de gravedad responsables de las olas en la superficie del agua, ondas gravitacionales que transportan las deformaciones del tejido espacio-temporal, y ondas electromagnéticas. Por desgracia, también se habla de ondas positivas y negativas, que se supone que son buenas o malas, y que algunos individuos atribuyen a las personas o a sus actos. Es algo que me molesta. Estas personas impiden el diálogo de los neófitos con los físicos. Forman parte de esas apropiaciones del vocabulario científico que marginalizan a las ciencias del día a día, haciendo referencia a ellas en un contexto desplazado. Me gustaría que este vocabulario que construimos paso a paso nos lo pudiéramos quedar para nosotros, conservarlo, intacto en la pureza y la precisión del lenguaje científico. Quisiera que se usara solo para describir la naturaleza y nuestros experimentos; y lo emplean para describir fenómenos más o menos misteriosos y especialmente subjetivos. ¡Qué confusión más nefasta!

En física, una onda no tiene nada de mágico, basta con lanzar una piedra en un estanque para darse cuenta. En el punto donde cae la piedra, el agua desciende y luego remonta. Este movimiento oscilante de abajo arriba se repite varias veces, igual que una pelota que se deja caer al suelo para hacerla rebotar. La oscilación vertical del agua en el punto de caída de la piedra se propaga por la superficie del estanque y forma ondas circulares que observamos. No es el agua lo que se desplaza de la piedra hacia el borde del estanque; el agua solo asciende y desciende y crea así la onda que se desplaza del centro hacia los bordes. Las cargas eléctricas que nosotros desplazamos, o más exactamente que aceleramos, también emiten ondas, electromagnéticas en este caso. Todos hemos observado este fenómeno al calentar una pieza de metal, pero sin saberlo, ya que la mayoría de nosotros, como los físicos antes de 1860, ignoramos que la luz es asimismo una onda electromagnética.

Cuando uno calienta un metal, agita progresivamente los electrones que esté contiene. Esta agitación cada vez más rápida produce ondas electromagnéticas de frecuencias cada vez más elevadas. La frecuencia es el número de vibraciones que la onda hace por segundo, y el que se incremente en la proporción de la temperatura refleja la creciente agitación de los electrones en el metal. A partir de una determinada temperatura, la frecuencia de las ondas emitidas entra en la banda a la cual son sensibles nuestros ojos y el metal comienza enrojecerse. Del mismo modo que nuestros oídos solo perciben una parte de las ondas sonoras, nuestros ojos no ven más que una porción de las ondas electromagnéticas. No oímos los infrasonidos, que tan útiles les resultan a las ballenas, ni los ultrasonidos, por los que se guían los murciélagos; tampoco vemos las ondas de radio o los infrarrojos, cuya frecuencia es demasiado baja, ni los ultravioletas o los rayos X, de frecuencia muy alta. Algunas bandas de frecuencias de ondas electromagnéticas tienen un nombre, a saber, entre otras, por orden creciente de frecuencia: radio, televisión, Wi-Fi y microondas, infrarrojos, luz, ultravioletas, rayos X y rayos gamma. Las ondas electromagnéticas a las que son sensibles nuestros ojos tienen un nombre muy bonito: se llaman «luz».

Así pues, la frecuencia es la única diferencia que hay entre la luz, una onda de radio que emite un teléfono móvil o la que recibe el televisor. Es el mismo fenómeno, tan solo varía la velocidad de oscilación de la onda. La pieza de metal que se calienta pasa del gris, mientras su frecuencia de emisión es invisible al ojo, al rojo, el color cuya frecuencia es la más baja, luego al naranja, al amarillo y finalmente al blanco, que es cuando aparecen las frecuencias más elevadas y se mezclan con las anteriores. Cuando está frío, el metal sigue emitiendo ondas electromagnéticas que nuestros ojos no ven, en una frecuencia justo por debajo del rojo, el infrarrojo. Un instrumento sensible a los infrarrojos lo mide sin problemas. Los militares se han enterado bien y han sacado partido de la emisión electromagnética de los cuerpos. Las gafas de visión nocturna forman parte del equipo de los soldados: detectan la radiación electromagnética invisible que emiten los cuerpos cálidos y la transforman en luz visible para el ojo. Tremendo.

Volvamos a nuestra pregunta inicial: ¿qué relación hay entre la carga y la energía? La energía es un concepto muy amplio, que interviene en todos los fenómenos, y su conservación es crucial en las ecuaciones de los físicos. Tiene un papel tan central que muchos no dudan en utilizarla, fuera de todo contexto científico, para referirse a la energía positiva o negativa de una persona, de un objeto o un alimento. Intimidación mediante un calificativo científico que, sin embargo, no tiene en este caso nada de racional. En física, la energía es, hablando, en general, aquello que permite o resulta de transformaciones o cambios. Es, por ejemplo, aquello que uno transmite a un cuerpo para que cambie de dirección o de velocidad. Lo que uno recibe cuando es el mismo cuerpo quien nos embiste. Es lo que acumulan los árboles mediante la fotosíntesis, transformando, gracias a la energía solar, el dióxido de carbono en oxígeno y en carbono para su crecimiento. «Los árboles son sol embotellado», decía mi padre. El petróleo también, claro.

Cuando las cargas se ponen en movimiento y emiten ondas electromagnéticas, estas últimas se llevan un poco de la energía de movimiento de las cargas, pues para emitir cualquier cosa hace falta gastar un poco de energía, como cuando uno quiere lanzar un balón. Tras su emisión las ondas se propagan, y si llegan a las proximidades de otra carga, distinta de la primera, la desplazarán. Por tanto, transmitirán la totalidad o una parte de la energía que se han llevado consigo a la carga con la que se encuentran, poniéndola en movimiento. De la misma manera, si uno deja un tapón de corcho en la mitad de un lago, se generará una pequeña ola que se propagará en la superficie. Si otro tapón flota en el borde del lago, se moverá cuando la ola lo alcance. Lo mismo sucede con las cargas y las ondas electromagnéticas, salvo una diferencia: las ondas electromagnéticas no necesitan el agua del lago, ¡se propagan en el vacío sin el más mínimo apoyo![7] Controlando el movimiento de las cargas en el emisor, se controla la forma de la onda y el movimiento que adoptarán las cargas en el receptor. Las cargas pueden emitir o recibir ondas, la energía que ha perdido el emisor y que es transportada por la onda pondrá en movimiento las cargas del receptor. Cargas, energía, ondas: el terceto triunfador en el que se basan todas las comunicaciones inalámbricas, el principio de funcionamiento de la radio o de los teléfonos móviles.

La carga determina la sensibilidad de un objeto a los campos o a las ondas electromagnéticas. La energía, por su parte, representa aquello que uno gasta o recibe para poner los objetos en movimiento o transformarlos. La energía es la fuente del cambio, del movimiento, de las transformaciones. Por eso es tan preciosa. Va íntimamente ligada al tiempo; sin ella ya nada se transformaría, todo estaría fijo, estático. Y en un mundo sin el más mínimo movimiento ¿para qué serviría el tiempo?

---

[7]Los físicos del siglo XIX buscaron durante mucho tiempo este medio, llamado "éter", pero tuvieron que rendirse a la evidencia: el éter no existe.

Cuerpo negro

Cuando el calor se convierte en luz

A mediados del siglo XIX todavía no hay nadie que sepa que la luz es una onda electromagnética, ni siquiera se sabe que esas ondas existen ni que la materia es un conglomerado de átomos, cada uno compuesto por un núcleo y una nube de electrones. A partir de 1860 el joven James Clerk Maxwell, de apenas 30 años, sintetiza los trabajos de sus ilustres predecesores y elabora una teoría coherente y completa de los fenómenos eléctricos y magnéticos. Describiendo el conjunto de las observaciones y formulaciones hechas por Gauss, Tesla, Faraday, Ampere y muchos otros, concibe un sistema de ecuaciones que presentan la electricidad y el magnetismo como un único fenómeno, hoy en día llamado «electromagnetismo». Todos estos grandes físicos de los siglos XVIII y XIX, aún hoy dejan marca en nuestro día a día, y sus nombres se han convertido en el símbolo de las unidades de medida de los fenómenos electromagnéticos: el gauss y el tesla miden los campos magnéticos, el amperio la corriente eléctrica, el coulomb la carga, el faraday la capacidad eléctrica, ¡qué bonita posteridad!

Pero las ecuaciones de James no se limitan a reunir el conocimiento adquirido hasta entonces: predicen la existencia de ondas electromagnéticas que describen cómo la oscilación acoplada de un campo magnético y un campo eléctrico que se propagan en el vacío a la misma velocidad que la luz. Él deduce de ahí que la luz, sin ninguna duda, es también una onda electromagnética.

James nació en Edimburgo, Escocia, en el seno de una familia acomodada. Su madre se da cuenta muy pronto de sus aptitudes y se ocupa de su educación hasta su fallecimiento, cuando su hijo tiene ocho años. A los diez ingresa en una escuela privada en Edimburgo, a los 16 en la universidad. A los 20 ya es todo un matemático. A los 25, estudiando la percepción de los colores, demuestra que la luz blanca es una superposición de luz roja, verde y azul. Posteriormente, volviendo sobre estos trabajos haría la primera fotografía en color de la historia. A los 30 años asiste al nacimiento del electromagnetismo y a continuación contribuye de manera fundamental a la teoría cinética de los gases. Su trabajo causa perplejidad; si no hubiera fallecido antes de la creación del premio Nobel, sin duda lo habría recibido, posiblemente más de una vez. James Maxwell muere joven, a los 48 años, pero con Isaac Newton y Albert Einstein, forma el trío de los fundadores de la física moderna.

Veinte años después de las ecuaciones de Maxwell, un físico alemán, Heinrich Hertz, demuestra la existencia de las ondas electromagnéticas y con estas la exactitud de sus predicciones. Tras una experiencia fortuita en la que observa que una descarga enorme de corriente en una bobina de hilo de cobre produce una chispa en otra bobina situada cerca, Heinrich imagina, con los medios de la época, un dispositivo que permite emitir y captar una onda electromagnética. Se trata de la primera pareja emisor-receptor de ondas de radio. En su honor, las ondas que puso de relieve se llamaron ondas hertzianas, aunque actualmente se suele decir ondas de radio. Varios años más tarde, mientras hacía de forma rutinaria la demostración de su artilugio ante sus estudiantes, uno de ellos preguntó para qué podrían servir las ondas. Respondió: «No tienen la más mínima utilidad, es solo un experimento para demostrar que el Maestro Maxwell tenía razón; tenemos simplemente estas misteriosas ondas electromagnéticas que no se pueden ver con el ojo desnudo pero que están ahí». «¿Y qué más?» continuó el estudiante. «Nada más, supongo»

Por desgracia, Heinrich murió unos años más tarde a la edad de 32, sin llegar a ver la revolución que desató su aparato. El telégrafo, la radio, los radares, todas las tecnologías de comunicaciones inalámbricas que utilizamos actualmente, son criaturas del sistema de Hertz. En su honor, la unidad de frecuencia para cualquier onda oscilante es ahora el hertz, en español hercio, símbolo Hz, que representa una oscilación por segundo. Así, en París podemos escuchar France Music gracias a una onda de radio difundida desde la torre Eiffel que oscila 91,7 millones de veces por segundo, lo cual se representa 91,7 MHz, o sea, 91,7 millones de hercios. Nuestros oídos son sensibles a las ondas sonoras desde 20 Hz (muy grave) hasta 20.000 Hz (muy agudo), nuestros ojos a las ondas electromagnéticas que van desde 430 billones de hercios (el rojo) hasta 750 billones de hercios (el violeta).

Hacia finales del siglo XIX, aumentan las aplicaciones del descubrimiento de las ondas electromagnéticas, y la descarga de los electroscopios sigue interesando a los físicos. Pues bien, un problema planteado por Gustav Kirchhoff en 1859 servirá para descubrir una solución de consecuencias totalmente inesperadas. Gustav, estudiando las propiedades de emisión y de absorción de calor de los cuerpos, demuestra que un cuerpo que absorbiera perfectamente la radiación térmica sería asimismo un radiador perfecto. Este cuerpo ideal perfectamente absorbente recibe el nombre de «cuerpo negro» ya que no refleja nada de luz en absoluto. De acuerdo con la definición de Gustav, la emisión electromagnética del cuerpo negro es puramente de origen térmico, de forma que no depende de su temperatura. ¿Pero qué forma adopta esta emisión, y cuál es su relación con la temperatura del cuerpo?

El problema no es simple y habrá que esperar 40 años hasta que otro físico, también alemán, dé con la solución correcta, la cual trae consigo el germen de una revolución que cambiará radicalmente nuestra visión del mundo.

Este hombre providencial es Max Planck. Sin embargo, no parecía que él estuviera preparado para cumplir ese papel. En 1878, en Múnich, siendo todavía un joven estudiante, declara que quiere ser físico. Su profesor de entonces, Philippe Von Jolly, le responde: «En este campo está ya descubierto todo, o casi todo, lo único que queda por hacer es completar algunos huecos». A Max no le importa. Él no pretende descubrir nada, explica que simplemente quiere comprender bien los fundamentos de la disciplina. Lejos está de imaginar que justamente esos fundamentos van a desmoronarse bajo sus pies.

En 1894 Max lleva ya varios años en la Universidad de Berlín, donde ocupa el puesto de profesor de física teórica en el que anteriormente estaba Gustav Kirchhoff. Ha firmado un contrato con un industrial para mejorar el rendimiento de la iluminación eléctrica. La tarea que se establece es simple: aumentar el rendimiento de las bombillas y producir el máximo de luz a cambio del mínimo de energía eléctrica. Max tuvo que elaborar un modelo de la emisión electromagnética de un cuerpo calentado y comprender de qué manera la luz que emite varía en función de su temperatura. Gracias a los trabajos de James Maxwell y sus bonitas ecuaciones ha comprendido que la radiación térmica de los cuerpos es una radiación electromagnética debida a la agitación de los electrones de los que están compuestos. También se sabe que la propia luz es una radiación electromagnética. Max se interesa por el cuerpo negro, el cuerpo ideal imaginado por Gustav Kirchhoff, cuya emisión electromagnética es de origen puramente térmico. Su objetivo lo llevará a resolver el problema que había planteado Gustav en 1859: «Cuál es la forma de la radiación del cuerpo negro, y cómo evoluciona con la temperatura?».

Desde que se enunció, se han propuesto varios intentos de descripción, pero no reproducen correctamente la forma de la distribución en frecuencias (lo que comúnmente se llama «espectro») de la radiación tal como se mide experimentalmente. Uno de los modelos solo coincide con los datos a altas frecuencias, el otro funciona bien para las frecuencias bajas, pero predice una emisión ilimitada para las altas. Esta es la «catástrofe ultravioleta». Es muy interesante para un vendedor de bombillas, pero para un físico es absurdo. La energía no puede ser gratuita. Sin embargo, estos modelos que solo funcionan parcialmente no son aleatorios. Los han calculado grandes físicos a partir de principios conocidos y verificados. ¿Qué es lo que falla? ¿Por qué aplicar de manera rigurosa unos principios conocidos no permite resolver este problema de apariencia simple? Los hechos experimentales son tozudos, no cabe duda, los modelos son incompletos y no explican los resultados de las medidas. Algo falta, ¿pero qué?

El filamento de una bombilla es un metal negro o gris cuando está frío, cuya temperatura se regula con una corriente eléctrica. Frío, el metal brilla ligeramente, lo cual significa que refleja la luz. No es por tanto un cuerpo negro perfecto, pero cuando el filamento comienza a enrojecer, la agitación térmica de los electrones y por tanto su emisión llega a ser muy importante, se comporta en lo esencial como un cuerpo negro. Así pues, Max debe calcular, a partir de los principios que él conoce, en particular de la termodinámica y el electromagnetismo, el espectro del cuerpo negro y su evolución con la temperatura. No se preocupa mucho de la catástrofe ultravioleta, sino que busca una descripción completa de la emisión que sea correcta para todas las frecuencias. Con una descripción así, no habrá catástrofe; está convencido de ello. Ahora bien, para hacer estos estudios falta todavía tener un cuerpo negro, lo más perfecto posible, a disposición en su laboratorio y poder hacer variar la temperatura con facilidad. Kirchhoff había propuesto, en su momento, una imaginativa receta para fabricar un cuerpo negro, absorbente, perfecto, en el laboratorio: tómese una gran caja de metal, pinte el interior de negro (no es imprescindible, pero ayuda), conecte la caja a una fuente de calor regulable (ahora es un horno); practique un pequeño agujero en una de las paredes.

Aquí está el truco: el agujero deja salir parte de la radiación emitida por las paredes en el interior de la caja y deja entrar las radiaciones exteriores sin obstaculizarlas. ¡Un agujero es un absorbente perfecto!

Lo importante es que no sea demasiado grande, de manera que un rayo que entre no pueda volver a salir directamente reflejándose en las paredes interiores. Lo que entra debe absorberse, y la única radiación que debe salir es la de la agitación de los electrones en las paredes de la caja. ¡Perfecto!

Max se esfuerza por modelizar la interacción de las ondas electromagnéticas que rellenan la caja con los electrones de las paredes. Es difícil, muy difícil. Max tantea, su descripción es compleja. Propone una primera solución, que al final no llega a funcionar. En 1900, tras seis años de esfuerzo, encuentra de manera más o menos empírica una solución que reproduce a la perfección las medidas experimentales.

Para obtenerla, tiene que imaginar que la emisión de ondas electromagnéticas por los electrones de las paredes no es continua. No puede explicar el mecanismo, pero postula que la energía de las ondas emitidas no puede adoptar un valor cualquiera, sino solamente unos valores precisos, múltiplos de un valor elemental que depende de la frecuencia de la onda. Este valor de energía elemental, que en física se denomina «quantum» (plural «quanta») y en español «cuanto», viene dado por el producto hν donde ν es la frecuencia de la onda electromagnética y h una constante que en la actualidad se conoce como la constante de Planck. E = h**ν**, he aquí el postulado fundamental de Max. Como las cargas eléctricas son siempre un múltiplo de una carga elemental (la del electrón), la energía de una onda electromagnética de frecuencia dada es siempre múltiplo de una carga elemental hν. La mecánica cuántica está a punto de nacer y su padre (o más bien su abuelo) aún no lo sabe.

Esta hipótesis de cuantificación, este postulado, para Max es solamente una herramienta formal qué proporciona la fórmula correcta para el espectro del cuerpo negro. Max no busca estar en la vanguardia, es un hombre de pura lógica: si emite nuevas hipótesis, es porque el ejercicio de su lógica implacable le marca esa vía. Max Born, que más tarde sería un pilar en el desarrollo de la mecánica cuántica, dirá de él: «Era, por su naturaleza, un espíritu conservador; no tenía nada de revolucionario y en general se mostraba escéptico frente a las especulaciones. Sin embargo, sentía tal apego al poder de la deducción lógica basada en los hechos que no dudó lo más mínimo en proponer la idea más revolucionaria que jamás haya sacudido el mundo de la física»[8].

En 1900 Max Planck enunció su postulado. La radiación del cuerpo negro tiene su modelo. Ya no hay catástrofe ultravioleta, las empresas de electricidad ya no se enriquecerán con las bombillas de consumo cero que emiten una cantidad infinita de luz. Transcurre el tiempo. En algún lugar de Suiza, un joven se cuestiona la naturaleza del mundo.

---

[8]Born, M. (1948). «Max Karl Ernst Ludwig Planck. 1858-1947». Obituary Notices of Fellows of the Royal Society 6 (17):161-126.

Incertidumbre

$$\Delta \times \Delta p \geq h/4\pi$$[9]

Cuando mi editora me pidió unas cuantas páginas de ensayos para este libro, yo había pensado en escribir algo relacionado con la antimateria. Durante más de un mes, estuve rumiando, dándoles vuelta a las ideas, pensando que sería capaz de seducirla con la increíble extrañeza del mundo de las partículas elementales. Una vez abolidos el tiempo y el espacio absolutos, se pasaba a la materia, la cual también perdería su eternidad. Me proponía describir los rayos cósmicos, que como todos los corpúsculos obedecen a leyes extrañas y se comportan al mismo tiempo como ondas y como puntos materiales. Describir el íntimo vínculo que enlaza la energía y la materia y permite pasar de una a otra. Describir un mundo incierto donde el resultado de una medición o un experimento ya no está asegurado, sino que es tan solo más o menos probable. Describir como la naturaleza, entre todos los resultados posibles, elige las respuestas al azar, de acuerdo con una ley probabilística que afortunadamente hemos aprendido a calcular. Me tuve que rendir ante la evidencia: no podía comenzar con una descripción así. Estas ideas podrían constituir una sección interesante del libro, pero sería sin duda la parte más difícil de redactar. Paciencia.

[9]La relación de indeterminación de Heisenberg establece que, en mecánica cuántica, es imposible medir simultáneamente y con precisión arbitraria ciertos pares de magnitudes físicas, como la posición y el momento lineal (cantidad de movimiento) de una partícula. Esta relación implica que el producto de las incertidumbres en la medición de estas dos propiedades no puede ser menor que una constante mínima.

De vuelta a principios el siglo XX. En apenas treinta años, el universo de las radiaciones y de la física nuclear se ha abierto a los físicos. Se ha revelado la estructura íntima de los núcleos atómicos, se ha descubierto el neutrón. Bombardear los núcleos con radiación permite la transmutación de los elementos. Los alquimistas de la Edad media estuvieron diez siglos soñando con ello. Los físicos del siglo XX lo lograron en unas décadas. La piedra filosofal es una radiación, una partícula, un fotón, un neutrón... Después de Antoine Henri Becquerel y sus placas fotográficas o Wilhelm Röntgen y sus rayos X, los científicos hicieron una serie increíble de descubrimientos y de progresos teóricos. La ciencia ha avanzado a paso de gigante. Y aún no hemos terminado. Mientras Pierre y Marie revolvían en el mineral de uranio, buscando radio y polonio, Charles Wilson contemplaba las nubes e imaginaba las cámaras de niebla, Victor Hess y Werner Kolhörster seguían ascendiendo cada vez más alto en la atmósfera, y Robert Millikan creía haber escuchado el grito de nacimiento de los átomos. Estaba tomando forma la revolución cuántica. Nuestro conocimiento de la materia y su dinámica iba a cambiar radicalmente, al menos la de los físicos. Esta revolución, aun siendo fundamental, no ha llegado a difundirse en la cultura colectiva. Está apenas integrada en nuestro pensamiento cotidiano, salvo como referencia en alguna película de ciencia ficción.

¿Cómo narrar todos esos descubrimientos y todas esas evoluciones sin deslizarme hacia un lenguaje técnico árido, farragoso? Ayer oí a un compañero hacerle una pregunta a un joven investigador tras la presentación de su tesis. La pregunta era sencillamente abstrusa, puro bla ba técnico, confuso e incomprensible. A la pregunta de la persona que estaba a mi lado, «¿lo has entendido?» contesté «no» para luego añadir pérfidamente: «yo diría que el propio autor de la pregunta no la entiende». Impresionar con las palabras, imponer un estatuto de erudito, intimidar, eso es justamente lo que quiero evitar. Me gustaría encontrar palabras tan simples y una lógica tan fluida que la lectura de estos capítulos no sea muy distinta de lo que es leer una novela policíaca. Tengo mis dudas de si será posible. Ruego pues indulgencia al lector o lectora. Me acuerdo también de los largos años en los bancos de la facultad donde yo escuchaba, a veces un poco perdido, a mis profesores. Todavía veo ante mí el primer encuentro con las ecuaciones de Maxwell, que hoy en día me parecen tan naturales y sencillas. Son, por así decirlo, las fórmulas de la radiación electromagnética. Gracias a ellas yo sé ahora lo que es un dinamo, cuál es el principio de su funcionamiento; en aquella época no tenía la más mínima idea de su origen. ¿Por qué escribirlas así? James Maxwell, ¿de dónde sacaba esas fórmulas? ¿Qué relación podían tener con los campos eléctricos y magnéticos? En este libro no hay fórmulas, pero para mí no es fácil encontrar las palabras. Paciencia, las nuevas ideas tardan en entrarnos en la cabeza. El propio Max Planck decía: «una nueva idea científica no se impone porque sus detractores acaben convenciéndose y vean al fin la luz. La idea se impone porque ellos mueren y una nueva generación más familiarizada con esta idea ocupa su lugar». Confío en que no será necesario llegar hasta ese punto.

La física cuántica que Max está descubriendo describe con éxito lo infinitamente pequeño, a la escala de las moléculas o los átomos, incluso escalas aún más diminutas. Permitirá el desarrollo de la electrónica, del láser, de la superconductividad y de miles de aplicaciones presentes en nuestra vida corriente. Es aleatoria y no local, da lugar a efectos que desafían la intuición. El mundo de lo infinitamente pequeño es cuántico, los físicos lo aceptan, pero sobre el origen y la interpretación de esta realidad se sigue debatiendo. ¿Qué más da, en vistas del éxito que ha tenido? En el mundo cotidiano, nuestro día a día, ¿a quién le preocupa esta naturaleza?

La electrónica se ha apoderado de nuestras vidas y su desarrollo no se concibe sin la mecánica cuántica, pero ¿quién lo sabe? Somos «modernos» y al mismo tiempo, estamos dispuestos a manipular durante todo el día unos objetos cuyos mecanismos más elementales se nos escapan. No obstante, la comprensión mejora el dominio y nos abre las puertas hacia lo posible. ¿Vamos a resignarnos a vivir rodeados de objetos mágicos? El conocimiento es poder y garantía de libertad; debe estar lo más extendido posible para que viva la democracia. Hoy en día, gracias a la electrónica, podemos acceder en unos pocos clics a la práctica totalidad del saber acumulado en una decena de siglos. Una de las promesas de la modernidad es ofrecernos más tiempo libre. Utilicémoslo para adquirir cultura, aprender y comprender, en vez de permitir que individuos como Patrick Le Lay, entonces presidente de TF1, declaren:

> «Si la finalidad es que un mensaje publicitario se perciba, el cerebro del telespectador debe estar disponible. Nuestras emisiones tienen por vocación hacer que esté disponible, es decir, distraerlo y relajarlo de modo que esté preparado entre dos mensajes. Lo que nosotros vendemos a Coca-Cola es tiempo de cerebro humano disponible»[10].

¡Ahí es nada! A cambio de dinero, el Sr. Le Lay desea someter nuestro tiempo de cerebro disponible al apetito mercantil de empresas como Coca-Cola. ¡Resistámonos! ¡Aprendamos todos mecánica cuántica

[10]Patrick Le Lay dans *Les dirigeants face au changement*, Éditions du Huitie`me jour, prefacio de Ernest-Antoine Seillière.

Cuántica

El extraño canto de la materia

Berna, circa 1905: el joven Alberto tiene 26 años y trabaja desde hace cuatro en la oficina de la propiedad intelectual. El hombre que posteriormente rechazaría la propuesta de David Ben Gurión para ser presidente de Israel, evalúa las solicitudes de patente para máquinas electromecánicas. Debe ocuparse, entre otros, de los problemas de sincronización y transmisión de las señales eléctricas. Con sus amigos Conrad Habicht y Maurice Solovine ha fundado la «Academia Olympia» , un pequeño club donde se reúnen cada cierto tiempo para hablar de ciencia y de filosofía. Estos debates llegarán a tener una gran influencia en el modo en que Albert abordará y resolverá las cuestiones científicas. Las amistades que hizo en la Escuela Politécnica de Lausana, concretamente con el matemático Marcel Grossmann, quien le ayudó con la geometría no euclídea, también le resultarían providenciales. Año 1905, año de milagros: Albert, todavía desconocido en el mundo de la ciencia, publica uno tras otro cuatro artículos revolucionarios. Se convierte así en el gran Albert Einstein, el científico más célebre de la historia, de fama universal a partir de este momento.

Entre los cuatro artículos, hay uno que describe lo que actualmente conocemos por el nombre de «relatividad especial», donde el espacio y el tiempo, ligados por la invariancia de la velocidad de la luz, forman el espacio-tiempo. Otro más, que se deduce del anterior, describe y argumenta la fórmula que hoy en día es la más célebre y la más celebrada de la física en su conjunto: $E = mc^2$.

El tercero describe el movimiento aleatorio que anima, por ejemplo, una mota de polvo en un gas. Es el movimiento browniano y el brillante análisis de Albert confirma entre otras cuestiones la existencia de los átomos y las moléculas. Ya, por último, el artículo que fue de hecho el primero en publicarse hace referencia al efecto fotoeléctrico: ¿por qué los electrones se escapan de la superficie de los metales cuando se los ilumina con una luz apropiada? Es este el trabajo que le valió el premio Nobel de física en 1921. Su título, «Sobre un punto de vista heurístico concerniente a la producción y transformación de la luz» ya anuncia cuál va a ser su manera de abordar los problemas. La heurística es un método de resolución más intuitivo que analítico; en lugar de llevar a cabo un análisis detallado, se estudia el problema considerando su pertenencia o su analogía con una clase más general. Albert no hace experimentos, sino que se apoya en hechos experimentales e intenta extraer de ellos absolutamente todas las consecuencias sin dejar ninguna al margen. Su intención es unificar las diferentes teorías que las describen sin que se pierda coherencia.

Me pregunto si su trabajo en la oficina de propiedad intelectual, tan concreta, tan material, podría decirse, tuvo alguna influencia sobre las ideas teóricas que Albert llegó a desarrollar. Creo que sí, y creo que fue una influencia muy beneficiosa. En todo caso, el intercambio de señales, la sincronización, las secuencias de sucesos, estos elementos tan necesarios para el buen funcionamiento de las máquinas constituyen el núcleo de la relatividad especial y más adelante de la relatividad general. Ese respeto a los hechos experimentales es algo muy acusado en su manera de entender la ciencia, que además comparte con la mayoría de los grandes físicos de la época. Se trata de física, no de matemáticas. Las matemáticas son una obra de creación pura, emanaciones del espíritu que quizás encuentren una aplicación. Pero eso es en cierto sentido secundario. La física, por el contrario, si bien recurre a las matemáticas, se debe, por encima de todo, a la descripción del mundo tal como se nos presenta.

Por efecto fotoeléctrico se entiende el fenómeno siguiente: un material puede emitir electrones cuando se lo alumbra con luz. Esto ocurre solo en determinadas condiciones. La emisión de electrones es más intensa si la fuente es más potente, pero solo se produce si la luz tiene una frecuencia suficientemente elevada, es decir, si el color es de un matiz suficientemente azul, o mejor, ultravioleta. Fue Heinrich Hertz quien en 1884 identificó dicho efecto, pero en 1905 todavía no se ha presentado ninguna explicación convincente. Albert relaciona este fenómeno con el postulado de Max Planck y propone darle cuerpo a su hipótesis de cuantificación. Frente a Max, quien imagina que su postulado se deriva de una complicada interacción entre las ondas electromagnéticas y la materia del cuerpo negro, Einstein afirma que la causa es la propia naturaleza de las ondas electromagnéticas. La luz, igual que las ondas electromagnéticas en general, no es simplemente una onda; también se comporta como un conjunto de cúmulos de energía. Estos cúmulos, que Albert denomina «quanta» (cuantos, en castellano), son lo que nosotros llamamos «fotones». Es decir, una onda electromagnética se comporta como un flujo de fotones cuyo número depende de la intensidad de la fuente y cuya energía viene dada por el postulado de Planck, ($E=h\nu$) . Los fotones solo se pueden crear y absorber como unidades enteras. Gracias a ellos, Albert explica el efecto fotoeléctrico un poco como un juego de billar: si los fotones de la fuente tienen suficiente energía, pueden arrancar un electrón de la superficie del metal y ser absorbidos, pero por debajo de un determinado límite no tienen suficiente energía para arrancar un electrón y no se produce el efecto fotoeléctrico. Puede parecer simple, pero en cualquier cao hay que aceptar que la luz no se comporta únicamente como una onda, sino también como un conjunto de pequeños cuantos elementales de energía.

Hará falta que pasen casi 15 años y que dispongamos de los trabajos de Arthur Compton para que la comunidad científica acepte la existencia de los fotones. Y así se impuso el mundo cuántico. Los campos electromagnéticos se describirán simultáneamente como ondas y como partículas. Un mundo extraño, sin equivalente a escala humana, se abre a los físicos. Los objetos, según las circunstancias, se propagan e interfieren como olas en la superficie del agua o se golpean como las bolas en una mesa de billar. Es lo que conocemos como la dualidad onda-partícula, y no es una propiedad exclusiva de los campos electromagnéticos, sino una característica que comparten ¡con todas las partículas elementales! Estaría encantado de poder ofrecer una imagen concreta de esta dualidad, pero es imposible. A escala humana están, por una parte, las ondas (las olas del mar), por la otra, los objetos bien definidos: los coches en la autopista. En el mundo accesible a nuestros cinco sentidos, no existe nada que posea simultáneamente ambas propiedades.

La descripción del mundo a escala atómica necesitará nuevas herramientas. Con la dinámica onda-partícula se desarrolla una nueva mecánica, la mecánica cuántica. Ella nos proporciona las leyes de evolución de los sistemas microscópicos y de sus «funciones de onda». Es un nombre complicado, lo reconozco. Simplificando, digamos que es una función que permite calcular la probabilidad de encontrar en un determinado estado el sistema que estamos estudiando. La función toma valores en todo el espacio, ya que en mecánica cuántica los objetos no están localizados, no les corresponde una posición bien definida, tan solo unas probabilidades de hallarse en un determinado lugar en un determinado estado. Aun me acuerdo de mi primera clase sobre ese tema en la universidad donde Jean Klein, nuestro famoso profesor, había dejado bien claro cómo se iba a desarrollar la materia: «Aceptar la mecánica cuántica es renunciar al determinismo, renunciar a la localización, renunciar a la objetividad...»

Al contrario de lo que sucede en física clásica, en física cuántica un experimento que se repite en las mismas condiciones no da necesariamente el mismo resultado. Por fortuna, nuestras célebres «funciones de onda» nos permiten calcular la probabilidad de encontrar un determinado resultado entre todos los posibles. No está todo perdido, pero de todos modos es un duro golpe.

Y no hemos terminado. En mecánica cuántica, los físicos ya no son independientes de los objetos que miden. El mecanismo de la medida perturba invariablemente, en sus fundamentos, el estado del sistema que estamos estudiando. Ya no existe un mundo objetivo, independiente de nuestra mirada; mirar es medir, y medir cambia el dato. Un cambio tan definitivo del punto de vista no se lleva a cabo sin contratiempos, de ahí la razón por la que se ha podido decir: «Si alguien te dice que ha comprendido la mecánica cuántica, es un mentiroso.» Richard Feynman, uno de sus fundadores, premio Nobel de física en 1965, lo dice con más cortesía: «si crees que entiendes la mecánica cuántica, es que no la entiendes.» Aún en nuestros días, la interpretación de la mecánica cuántica suscita numerosos debates, científicos y filosóficos.

Para describir todos esos fenómenos, las magnitudes físicas mensurables (posición, velocidad, energía) se tienen que representar con la ayuda de unos nuevos objetos matemáticos llamados «operadores». Los operadores actúan sobre las funciones de onda. Medir una cantidad consiste en aplicar el operador correspondiente a la función de onda. Pero la aplicación de un operador a una función de onda la altera. Por tanto, ya no se pueden tomar medidas sin perturbar el sistema que se está estudiando. En consecuencia, determinadas medidas ya no son independientes y no pueden realizarse simultáneamente. Es lo que sucede, por ejemplo, con la velocidad y la posición. Al medir la posición de una partícula cuántica, alteramos su función de onda y esto modifica la velocidad. Hay que tomar una medida primero, y luego la otra, y si se invierte el orden, el resultado cambia. Esto es lo que significa el principio de incertidumbre, enunciado por Werner Heisenberg y cuya formulación matemática $\Delta x \, \Delta p \geq \hbar/4\pi$ sirve de título al capítulo anterior. Para ilustrar su principio, hablando de la velocidad y de la posición, Werner decía: «cariño, he aparcado el coche, pero no me acuerdo dónde». El mundo es incierto, no local, probabilístico. Albert se revolvió y, con unas palabras que han pasado a la posteridad, declaró a su amigo Niels Bohr: «Dios no juega a los dados», a lo cual, según se dice, este último respondió: «¡Deja de decirle a Dios lo que tiene que hacer!» Los debates de Einstein y Bohr animaron el mundo de la ciencia durante más de diez años y suscitaron numerosas cuestiones sobre la interpretación de la mecánica cuántica.

Si bien Albert no llegó nunca a hacerse a la idea, la interpretación de Niels, llamada «de la escuela de Copenhague», se impuso, al menos durante un tiempo. Más allá de las cuestiones de interpretación, los científicos están todos de acuerdo en un punto: la mecánica cuántica describe la naturaleza extraordinariamente bien. Da la impresión de ser, en lo más profundo, indeterminada, no local y probabilística.

Aniquilación

$$e^+e^- \longrightarrow Z^0$$[11]

Viernes, 15 de septiembre 1989, 23:45, Ginebra. Estoy a 100 metros bajo tierra, solo en el fondo del pozo. Delante de mí cuelgan los cables de la caja de Pandora. Los he conectado y desconectado tres veces, pero no hay manera: los caracteres amarillos sobre el fondo negro de la pequeña terminal que tengo ante mí muestran siempre el mismo mensaje: «fallo de sincronización, Lucifer». Lucifer, la tarjeta de control del disparo del detector externo, una auténtica pesadilla.

La caja de Pandora sincroniza cada uno de los veinte subdetectores de DELPHI, uno de los cuatro experimentos subterráneos instalados en el anillo de colisión materia-antimateria llamado LEP (de sus siglas en inglés Large Electron Positron), recién inaugurado. Aquí, en un túnel de 27 km de longitud, los electrones y sus hermanos gemelos de antimateria, los positrones, giran en sentido opuestos unos a otros, a más de mil millones de km/h, casi a la velocidad de la luz. Diez millones de positrones y electrones se cruzan cien mil veces por segundo en el corazón de DELPHI, y de ninguna manera nos queremos perder la foto del acontecimiento, la colisión entre ellos. Pero, vaya, mi caja de Pandora y mi Lucifer, aún no están sincronizados.

---

[10]Reacción de producción del bosón Z0 por aniquilación de un electrón y un positrón.

Llevo ya una hora en la pasarela que rodea la montaña de aparatos electrónicos de última generación que controlan DELPHI. La sala de control es tan grande como una casa de cuatro pisos llena a rebosar de cables, estantes, terminales, sistemas criogenia y de climatización, todo ello en el fondo de un profundo pozo,100 metros por debajo de la superficie muy cerca del detector DELPHI y de sus 3.500 toneladas de aparatos sensores. Hace una hora que he llegado, tras abandonar la sala de control en superficie, cuando nos ha llegado el aviso de que uno de los grandes aparatos (el detector externo, hecho de sistemas denominados «cámaras de deriva»), se ha desconectado, dejando de enviar datos.

Hay que resolver el problema lo antes posible. Cien metros más arriba, mis compañeros esperan pacientemente, los datos de DELPHI sin el detector externo no serán de tan buena calidad, pero están tranquilos. El incidente no impide que se continúe con las colisiones, todo es cuestión de encontrar el fallo lo antes posible. Sé que me va a salir bien; no es la primera ni la última vez que un detector se desconecta, casi algo rutinario y la inauguración del anillo de colisión, que se ha hecho coincidir con el bicentenario de la revolución francesa del 14 de julio de 1989, nos está costando muchos dolores de cabeza. Todavía van a pasar muchos meses de corregir errores, pero eventualmente el sistema funcionará con la precisión de un reloj suizo. Entretanto, re-inicio la electrónica una vez más. Esta vez funciona y el detector externo se conecta al resto del sistema.

Vuelvo a la superficie.

El viaje en el montacargas que me transporta a la sala de control central no es aburrido. Unos grafitis recuerdan que el responsable del calorímetro central (que tantas preocupaciones nos causa) está en paradero desconocido, alguien ha añadido que sin duda se ha escondido en su detector, un tercero recomienda que nadie lo deje salir. Mis compañeros ponen al mal tiempo buena cara y se entretienen con pintadas inofensivas, desde luego no soy yo el único que sufre de este trabajo ingrato tan lejano de las placas fotográficas de Becquerel o los tubos de Crookes y Röntgen. Sin embargo, entiendo perfectamente que cada uno debe aportar su granito de arena, LEP es una máquina formidable, DELPHI es un monstruo tecnológico de una precisión inaudita y todo eso no funciona sin esfuerzo.

Todos juntos (somos unos 500 físicos) vamos a medir con precisión los parámetros de los llamados bosones electrodébiles, unas partículas denominadas (ya hemos visto que los físicos somos incorregibles a la hora de poner nombres) $W^+ W^-$ y Z^0. Queremos estudiar su producción y desintegraciones para buscar nuevos efectos, o «física nueva», en nuestro argot. Estos bosones son unas partículas cuya existencia había predicho nuestra descripción teórica de las partículas elementales y sus interacciones, una construcción matemática formidable que denominamos Modelo Estándar. Se habían descubierto quince años antes y su descubrimiento consagró la validez del modelo, que predice, entre otras cosas que la fuerza débil (responsable de la desintegración de las partículas) y la fuerza electromagnética son en realidad una sola, denominada fuerza electrodébil.

La unificación de las fuerzas, el Santo Grial de la física moderna. Suena todo bien, ¿no? Pero mi contribución es tan microscópica, que me siento inútil. Tantos años de estudio para acabar conectando y desconectando cables, repitiendo una y otra vez las secuencias de puesta en marcha, con la esperanza de que esta vez se descodifiquen correctamente las señales y que las que andan sueltas por todas partes no arruinen

otra vez más el procedimiento. Estoy en el ascensor y estoy cansado. Estoy ascendiendo hacia un destino que no es el que la entrada en el CNRS (Centro Nacional de Investigación Científica) y mi título de físico teórico me prometían.
Y sin embargo, trabajo en uno de los más grandes centros de investigación del mundo, en LEP, el mayor acelerador de partículas jamás construido. Aún no han transcurrido 100 años desde el descubrimiento del electrón, y la física de partículas ya tiene su lugar dentro de la investigación fundamental. Miles de investigadores y unas inversiones considerables intentan asomarse a los misterios de la materia.
Materia: en realidad, en el fondo, ¿sabemos lo qué es?

5. Antimateria

¿Ser o no ser?

La dualidad onda-partícula obliga a los físicos a establecer nuevos sistemas de ecuaciones para predecir su evolución. La mecánica de Newton, que permite a Lionel Messi calcular la trayectoria que va a trazar su balón hacia la portería contraria, debe adaptarse a estos nuevos objetos, las funciones de onda. Erwin Schrödinger propuso en 1926, la ecuación que lleva ahora su nombre y que describe la evolución en el tiempo de estas funciones. Funciona muy bien y, en particular, permite calcular, casi perfectamente, los niveles de energía del átomo de hidrógeno, el átomo más simple, compuesto por un protón y un electrón. La ecuación de Schrödinger solo tiene un defecto: no tiene en cuenta la relatividad restringida. Y esto resulta indispensable: la relatividad restringida proporciona las reglas para transformar los sistemas de coordenadas garantizando que la velocidad de la luz sea constante en todos los sistemas de referencia y represente un límite absoluto. Ningún objeto material, ni siquiera una partícula, puede ir más rápido que la luz. Para entender esto bien, imaginemos una persona que viaja en un tren de alta velocidad y no se queda en su asiento, prefiere hacer ejercicio. Camina por el pasillo, a velocidad ligera, en la misma dirección en la que avanza el tren. Visto desde la perspectiva de alguien que está inmóvil en el andén, este señor se desplaza más rápido que el tren. Las velocidades se suman, es lógico y no plantea ningún problema. Ahora bien, con la luz el asunto cambia. Imaginemos al mismo viajero que lleva en la mano una linterna orientada como el tren. Imaginemos que a su paso por una estación en la que el TGV no tiene parada, adelanta a una persona que está inmóvil en el andén, a su vez con una linterna apuntando en la misma dirección. Podría parecer lógico decir que los fotones que viajan en tren van más rápido que los que están en tierra. Pero no es así; los fotones van siempre a la misma velocidad, una velocidad que no cambia, la midamos donde la midamos; es absoluta. Esto es a lo que se refieren los físicos cuando dicen que c es constante.

La velocidad de la luz es una constante y un límite absoluto: no hay nada que pueda ir más rápido. Para una partícula que alcanza una velocidad cercana a la de la luz (decimos en este caso que es relativista) es lo mismo. Las transformaciones de la relatividad restringida enlazan el espacio y el tiempo y los tratan siempre como una unidad. Estas son las transformaciones del espacio-tiempo. La ecuación de Schrödinger no tiene en cuenta este entrelazamiento y trata el espacio y el tiempo como dos entes independientes. Por tanto, no puede describir correctamente los sistemas en los cuales los electrones se desplazan a una velocidad próxima a la de la luz. Es un problema muy serio que hay que solucionar con una formulación que respete la relatividad restringida.

Paul Dirac, un joven físico británico, será quien hallará la solución. Esta no tenía nada de simple. No había que encontrar una ecuación, sino varias: para ser exactos, un sistema de cuatro ecuaciones dependientes unas de otras. Queriendo resolver el problema, Paul, lo amplió. Con una sola ecuación, no había solución; pasando a cuatro componentes, la solución era redonda. Había que tener la osadía de librarse de todo lo que no era estrictamente necesario, abrirse a otras posibilidades; es ahí donde surge la genialidad. Paul lo logró.

Su ecuación es relativista y se aplica sin ningún problema a los electrones que se mueven a una velocidad tan cercana a la velocidad de la luz como queramos, y como debe ser, se reduce a la ecuación de Schrödinger a velocidades bajas. La formulación de Paul parece perfecta, pero las soluciones de su ecuación son funciones de onda de cuatro componentes, que deben por tanto describir cuatro objetos. De hecho, dos de estos componentes describen el electrón, y justamente acabamos de descubrir que esta partícula tiene dos estados distintos, lo cual no se acaba de comprender. Con la ecuación de Paul está bien claro: hay dos componentes, por tanto, dos estados para el electrón ¡Bravo! Sí, pero… ¿Y los otros dos? Plantean un problema: describen electrones de energía negativa, lo cual no tiene ningún sentido. Es absurdo, no se entiende, pero no se los puede eliminar ni ignorar. Paul los asimila en una imagen singular, él ve «agujeros» en un mar, lleno hasta el borde de partículas, y cuya superficie indicaría energías igual a cero. Estos agujeros en el océano de energía negativa se corresponderían bien, por encima del océano en las energías positivas, con partículas cuya carga debería ser la opuesta a la del electrón. Piensa pues en los protones, pero eso no funciona. Finalmente, en 1931 escribe: «Hay que abandonar la identificación de los agujeros con protones y encontrar otra interpretación para ellos. Un agujero, si es que los hay, vendría a ser una nueva partícula, desconocida en la física experimental, con la misma masa que el electrón y carga opuesta. A esta partícula la podríamos llamar anti-electrón».

Durante un cierto tiempo, la teoría de Paul y su anti-electrón son objeto de burla. Pero estas burlas no tienen en cuenta los rayos cósmicos y su imparable bombardeo, motores de un descubrimiento mayor que haría, apenas un año más tarde, el joven Carl Anderson.

Carl es alumno de Robert Millikan, el del grito de nacimiento de los átomos. Prepara su tesis doctoral en el Instituto californiano de tecnología, Caltech para los amigos. Carl estudia la distribución de los foto-electrones producidos al iluminar una cámara de niebla con rayos X. En 1930, expone su tesis y le pide a Robert que continúe sus estudios con él para observar la absorción de los rayos gamma. Al principio Millikan desestimó la petición y dejó que se fuera a Chicago, luego cambió de idea y le propuso que regresara: decidió que podría ser muy útil sumergir una cámara de niebla en un campo magnético para medir la energía de los electrones producidos por los rayos cósmicos. Robert confía en que de este modo podrá reforzar su teoría, según la cual los rayos cósmicos son rayos gamma producidos por la continua génesis de átomos en el cosmos. Robert y Carl ponen pues, manos a la obra y construyen una cámara de niebla que rodean con un campo magnético. Gracias a este campo, las partículas cargadas que entran en la cámara describen porciones de circunferencias cuyo radio depende de su energía: cuanto mayor es la energía, mayor el radio del círculo. En consecuencia, se puede medir la energía con bastante precisión, salvo, obviamente, cuando el círculo es tan grande que la porción visible en la cámara se parece demasiado a una recta.

Como el sentido de giro de las partículas depende de su carga, esta también puede medirse. Una carga positiva que entra por la parte superior de la cámara y se desplaza hacia abajo se curvará hacia un lado, una carga negativa que se desplaza en la misma dirección, hacia el otro. He aquí el problema: si las cargas entran por la parte inferior de la cámara y se desplazan hacia arriba, el sentido de la curvatura se invierte. Así, una carga positiva que se desplace de arriba hacia abajo se curva en el mismo sentido que una carga negativa desplazándose de abajo hacia arriba. Esto no les preocupa demasiado a Carl y Robert: los rayos cósmicos llegan por arriba y se dirigen hacia abajo. Cuando golpean la materia, expulsan electrones o protones, los cuales, en su inmensa mayoría, se desplazan también de arriba hacia abajo. No merece pues la pena preocuparse por unos pocos casos en los que la partícula expulsada se desplaza en sentido contrario.

Primavera de 1931 y la nueva cámara de Carl y Robert está lista; empiezan a recoger imágenes. El método no es muy eficaz. La cámara de niebla se dispara al azar, se toma una fotografía y se revela, se observan los clichés. De un total de más de 1000 clichés, solamente 34 muestran trazas de partículas. Entre estos, 11 muestran una traza única de carga positiva; siempre que se admita que las partículas han atravesado la cámara de arriba hacia abajo. Como la única partícula positiva que se conocía en la época es el protón, Robert insiste en que se identifiquen como tales. Carl se muestra más reservado, ya que algunas trazas parecen corresponder a energías muy elevadas. En una primera publicación común, apoya la idea de que esas trazas positivas son protones, pero duda. Él es un investigador joven, acaba de presentar su tesis; no puede oponerse a su profesor, nada menos que un premio Nobel.

Carl perfecciona la cámara: menos turbulencias para medir mejor las curvas y, por tanto, la energía, mejor iluminación durante la toma de la fotografía para obtener una imagen más nítida y contar mejor las gotitas a lo largo de las trayectorias. La densidad de las gotitas le da la masa de las partículas, que no es compatible con la del protón, sino más bien con la del electrón. Carl, además, confirma que determinadas trazas tendrían, para los protones, energías demasiado elevadas para ser compatibles con la teoría de Robert sobre la génesis de los átomos. Se respira un ambiente enrarecido.

Carl propone ahora una nueva explicación. Tal vez lo que ellos piensan que son trazas positivas son en realidad electrones, es decir, trazas negativas que entran por la parte inferior de la cámara. Robert rechaza la explicación de Carl e insiste: los rayos cósmicos vienen de arriba y producen partículas que se trasladan de arriba hacia abajo. Bien es cierto que una partícula puede entrar por la parte inferior de la cámara, pero eso es un suceso poco probable, estas trazas aisladas son positivas y por tanto son protones. En cualquier caso, Carl quiere verificarlo: desliza una placa de plomo en su cámara. Cuando una partícula atraviesa la placa pierde energía, y su circunferencia de giro se hace más pequeña. Observando el tamaño de la curvatura a un lado de la placa y al otro, sabrá en qué sentido se ha desplazado la partícula. Carl fotografía e identifica de esta manera, sin ambigüedad, el recorrido de una partícula de carga positiva que tiene una masa incompatible con la de un protón, pero compatible con la de un electrón. Es el anti-electrón de Paul Dirac, el electrón positivo, el positrón, la primera partícula de antimateria. Carl Anderson[12] publica esta imagen y este descubrimiento él solo, sin Robert Millikan, en 1933 y recibirá el premio Nobel en 1936, junto con Victor Hess. La naturaleza es pérfida, este primer positrón, esta primera partícula de antimateria fotografiada, entró por la parte inferior de la cámara. . .

En 1933 se produjeron dos revoluciones fundamentales en la física. El espacio y el tiempo se convirtieron en el espacio-tiempo, y la mecánica se hizo cuántica. Con las ecuaciones de Paul Dirac, la materia se duplicó; existe en dos versiones. Está aquella de la que estamos hechos nosotros, denominada «materia», y está la descrita por las ecuaciones de Paul, la que nos revelaron los rayos cósmicos, y que recibió el nombre de «antimateria». La antimateria es el alter ego de la materia, su imagen especular perfecta. Si se ponen en contacto una partícula de materia y su alter ego de antimateria, ambas

[12]Anderson, Carl D. (1933). «The Positive Electron». Physical Review 43 (6), p. 491-494.

pueden desaparecer en forma de energía pura, por ejemplo, como dos fotones. De la misma manera, dos fotones que entran en colisión pueden transformarse en dos partículas, una de materia y la otra de antimateria.

Todas las partículas de materia tienen su equivalente en la antimateria, sin excepción. En nuestros aceleradores (los sucedáneos modernos de los rayos cósmicos) reproducimos, sujetas a control, las colisiones que sufren los rayos cósmicos al llegar a la Tierra. Observamos cómo la energía se transforma en materia. Acumulamos grandes cantidades de energía, pequeños volúmenes de espacio-tiempo y el vacío, sacudido por la colisión como un líquido sobrecalentado, lanza materia y antimateria en perfecta simetría. Una partícula de antimateria por cada partícula de materia, ni más ni menos. Pero si la energía solo se convierte en materia y antimateria en proporciones siempre estrictamente idénticas, ¿qué pasó con la antimateria? ¿Por qué solo estamos compuestos de materia? Al principio de la existencia del universo, ¿cómo pudo el Big Bang producir un exceso de materia con respecto a la antimateria? Seguimos buscando.

Zetta

E = 0,3 ZeV[13]

En 1992 abandono DELPHI y sus profundidades para unirme un nuevo proyecto de investigación sobre la oscilación de los neutrinos. Se llama NOMAD; a los físicos de la actualidad les encanta que los nombres de sus experimentos sean acrónimos con doble sentido. NOMAD, siglas de Neutrino Oscillation MAgnetic Detector (detector magnético de oscilación de neutrinos), subraya, sobre todo, el insaciable deseo de viajar de François, el coordinador del proyecto. Yo trabajaré durante seis años en NOMAD, desde el diseño y la construcción de los elementos del detector hasta los análisis y la publicación de los resultados. Responsable del diseño de programas que permitirán calcular las trayectorias de las partículas, me di de cabeza contra conservadurismos inesperados. Junto con los miembros más jóvenes de la colaboración, tuvimos que librar duras batallas tan solo para poder escribir nuestros programas en un lenguaje informático más moderno que el que utilizaban los físicos de la generación anterior. Una lucha encarnizada, numerosas disputas, antiguos contra modernos. Un físico «senior» llegó a decirme «¡No! ¡Ni por encima de mi cadáver!». Esa frase mordaz todavía me resuena en los oídos. En los debates, el ardor de mi juventud no ayudó a calmar los ánimos, lo reconozco. Fue duro. Lo hicimos a pesar de todo, y François, que nos apoyaba, perdió su puesto de coordinador

[13]Energía del rayo cósmico más elevada jamás observada. Es la energía que tendría un electrón al salir de una diferencia de potencial de 300 mil millones de millones de voltios.

del proyecto. Pasados veinte años, ya nadie escribe programas usando el viejo lenguaje. Los físicos emplean una versión mejorada del lenguaje que impusimos en NOMAD, y a nadie, absolutamente nadie, se le ocurriría volver atrás. Pero por más sorprendentes y lamentables que fueran estas querellas informáticas no eran nada en comparación con las noticias que vendrían de Japón.

En 1998 ha concluido la toma de datos de NOMAD y acabamos de publicar nuestros primeros resultados. Son negativos: no hay ninguna traza de oscilaciones de neutrinos en nuestro detector. Lo que buscábamos nosotros lo descubre el mismo año el experimento japonés Super-Kamiokande, estudiando los neutrinos producidos en la atmósfera por los rayos cósmicos. Para detectar las oscilaciones, la relación entre la energía de los neutrinos y la distancia que recorren desde su fuente al detector debe ser adecuada. Esta relación entre la energía y distancia tiene un valor de aproximadamente diez mil, en las unidades correctas, para los neutrinos atmosféricos producidos por los rayos cósmicos y detectados al nivel del suelo. De hecho, es ideal para ver las oscilaciones, y super-Kamiokande lo consiguió. Para los neutrinos de NOMAD producidos por el acelerador del CERN el valor es de unas cuantas centenas. Se ignoró, pero no era suficiente; con lo cual la oscilación no era visible para nosotros.

El asunto era simplemente que no estábamos buscando en el lugar correcto del espacio de parámetros. En nuestro descargo: no había nada que permitiera elegir a priori entre un valor y otro, y varios experimentos estaban buscando simultáneamente, cada uno con una relación distinta. Por entonces circulaba entre nosotros un chiste que resume nuestra incapacidad de elegir la relación ideal: «Un físico se encuentra en plena noche con un especialista en oscilaciones de neutrinos que está rebuscando en el suelo debajo de una farola. "¿Qué hace usted?" pregunta el primero. "Busco mis llaves" responde el segundo. "Ah, ¿las ha perdido aquí?" insiste el físico. "No, contesta el especialista, ¡pero es que no hay luz en otro sitio más que aquí!»

En 2015, Takaaki Kajita, responsable del experimento Super-Kamiokande · recibiría el premio Nobel por el descubrimiento de las oscilaciones. No sé cómo se habrá sentido François.

O sea, los rayos cósmicos llevaron al descubrimiento de las oscilaciones de los neutrinos. Desde luego, ¡están en todas partes! Pero en 1992, cuando yo comenzaba mi investigación sobre NOMAD, no sabía que eran también la clave para descubrir las oscilaciones. Sin embargo, vaya coincidencia, es el mismo año en que Jim Cronin, Premio Nobel en física, viene a París. Su amigo Murat Boratav, profesor en mi laboratorio, ha organizado una semana de trabajo para completar y defender el proyecto de Jim: un observatorio de rayos cósmicos. Es un proyecto grandioso: dos observatorios, uno en el hemisferio norte, otro en el hemisferio sur, compuestos de miles de detectores, cada uno de los cuales cubre entre 3000 y 5000 kilómetros cuadrados. Su proyecto tiene una sola pega, un nombre horrible: P 5000 (proyecto 5000 km^2), se diría que es un modelo de smartphone.

Jim nos habla del extremo más elevado del espectro de energía de los rayos cósmicos. Nos explica que determinados rayos se han observado con energías enormes, del orden de zetta electronvoltios (Z e V), es decir mil millones de billones de electronvoltios; el rayo cósmico más energético jamás observado alcanza los 0,3 Z eV[14]. Esta es la energía que tendría un electrón a la salida de una diferencia de tensión de 300 miles de billones de voltios. A modo de comparación: las líneas eléctricas de más alta tensión apenas sobrepasan el

[14]0,3 ZeV, es el equivalente al golpe de Cassius Clay o al primer servicio de un buen jugador de tenis.

millón de electronvoltios. Toda esta energía almacenada en una partícula elemental, un protón, por ejemplo, es algo absolutamente titánico. Si fuéramos capaces de hacernos con tan solo 1 gramo de protón a estas energías, nos bastaría para asegurar el consumo de todo el planeta durante 1000 años. Por desgracia, no es posible ya que, como nos explica Jim, estos rayos cósmicos de ultra alta energía (en inglés UHECR, Ultra High Energy Cosmic Rays) son raros, muy raros. A la Tierra llegan menos de uno por siglo y por kilómetro cuadrado. Para recoger un gramo, incluso colocando detectores en toda la superficie del globo, habría que esperar 130 mil billones de años, lo cual equivale a ¡diez millones de veces la edad del universo! Y aunque fueran más numerosos, la mayor parte de su energía se dispersa en la atmósfera en una inmensa catarata de partículas. Los rayos cósmicos no resolverán nuestros problemas de energía, pero sin duda nos proporcionarán una mejor comprensión del universo. ¿Cómo se producen estos rayos? ¿De dónde vienen? ¿Cómo se desplazan desde sus fuentes hasta la Tierra? Jim quiere construir un observatorio gigantesco para captar y estudiar cada año unas cuantas decenas de estos rayos cósmicos.

Murat y el director de mi laboratorio, Bernard Grosstête (en francés, cabeza gorda; algo así no se dice de broma) me pidieron que, paralelamente a mi investigación en NOMAD, siguiera la evolución de este proyecto. Tras la presentación de Jim, me enviaron a que participara en una reunión de trabajo. De una sola vez, descubro los rayos cósmicos y Australia. Es el principio de una aventura que me iba a tener ocupado durante más de 25 años.

6. Cascadas

Cuando la energía se transforma en materia

Estamos en 1938. Pasados varios años, Pierre Auger se presenta en el laboratorio de Jungfraujoch, en los Alpes suizos, a 3500 metros de altitud, para estudiar los rayos cósmicos. A finales de 1933 escribió un breve artículo titulado: «Cuadro esquemático del conocimiento actual sobre los rayos cósmicos.»

Menciona los hechos experimentales conocidos sobre la variación de la tasa de rayos cósmicos en función de la altitud y del campo magnético terrestre, debate la naturaleza más o menos penetrante de los rayos, se cuestiona las ionizaciones observadas en los contadores Geiger-Müller, los electrómetros y también las imágenes de la cámara de Wilson, donde dejan su traza, no una sino a veces varias decenas de partículas cargadas. La cuestión de la naturaleza de los rayos cósmicos se está debatiendo. ¿Se trata de corpúsculos cargados o bien de rayos gamma —es decir, de fotones—, a los que tanto aprecio les tenía Millikan?La cuestión no es neutra: si los rayos cósmicos son partículas cargadas, olvidamos la teoría de Millikan, que supone que son fotones emitidos por la creación de átomos en el universo. Y estas imágenes donde aparecen múltiples trazas, ¿de qué fenómeno son testigo? Deduzco del artículo de Pierre que a finales de 1933 él ya está prácticamente convencido de que los rayos cósmicos son partículas cargadas. Menciona la hipótesis de los fotones de Millikan para completar su exposición, pero al mismo tiempo, muestra que no acaba de encajar con los hechos experimentales.

Poco más de un año más tarde, a principios de 1935, Pierre escribe un segundo artículo. Ahora ya no tiene dudas de qué los rayos cósmicos son corpúsculos, cargados eléctricamente. Ahora bien, ¿qué propiedades tienen? Son de naturaleza más o menos penetrante; ¿a qué corresponde eso? En su artículo de 1933, Pierre había señalado que aproximadamente la mitad de los rayos que llegaban al suelo podían atravesar más de un metro de plomo. Durante todo el año 1994 midió la capacidad de penetración de los rayos, encima del tejado o en las cuevas del Instituto de Biología de París, en el Pic du Midi o en el Jungfraujoch. Concluye que hay presentes dos componentes. Uno, blando, es poco penetrante y está compuesto por partículas de baja energía. El otro, duro, es muy penetrante y compuesto por partículas cien veces más energéticas. Con la poesía y la imaginación que caracterizan a los físicos de esa época, en su artículo le da al componente blando el nombre «M» y al duro «D» (en francés molle y dure respectivamente). ¿Qué son M y D exactamente? ¿Están ligados de alguna manera?

Igual que con Theodor Wulf y sus electroscopios, Charles Wilson y sus cámaras de niebla, el estudio de los rayos cósmicos progresa rápidamente a principios de los años 30 gracias a la puesta a punto de un nuevo sistema de detección que combina contadores Geiger-Müller, cámaras de Wilson y circuitos de coincidencia Bothe-Rossi. El método de las coincidencias desarrollado por Walther Bothe y perfeccionado por Bruno Rossi es la piedra angular de este nuevo conjunto. Con la radiactividad natural, un contador Geiger-Müller chisporrotea sin parar y no hay manera de saber si es un rayo cósmico lo que lo ha disparado. Si se dispone de varios contadores, sin embargo, es posible hacerlo, pues un rayo cósmico es capaz de atravesar varios y dispararlos simultáneamente, mientras que la radiactividad solamente toca uno cada vez.

Este es el principio del método de coincidencias de Walther Bothe. En sus primeros experimentos utiliza una película y dos electroscopios en lugar de los contadores. En la película, busca las imágenes donde los dos electroscopios descargan simultáneamente. No es ni muy exacto ni muy eficaz, pero la idea no es mala: hay que buscar coincidencias. A continuación, propone al mismo tiempo que Bruno Rossi, una versión electrónica del método basada en un circuito que se conecta directamente a los contadores Geiger-Müller. El circuito proporciona un impulso eléctrico y los contadores miden una señal en el mismo instante. El impulso dispara la cámara de Wilson y permite tomar una foto de las gotitas que se forman en el momento en que los contadores Geiger-Müller han captado la señal. En comparación con lo que predominaba hasta entonces —los clichés aleatorios—, el método de coincidencias representa un avance considerable.

Pues bien, los físicos descubren un nuevo fenómeno. En determinadas fotografías no aparece una o dos trazas de rayos cósmicos, que es lo que ellos esperaban, sino varias decenas. Es el componente M de Pierre Auger. Un chorro de partículas, más o menos paralelas, atraviesa a veces la cámara de niebla, dejando una imagen que se parece al chorro que sale de la alcachofa de la ducha. En inglés, ducha se dice «shower» y ese es el nombre que los físicos le darán al fenómeno, mientras que en francés se denominarán «gerbes» y en español «cascadas»[15].

[15]En francés, las «showers» no podían convertirse en duchas. Era demasiado ridículo, un poco como si el Big Bang se cambiara por un Gran Pum. «Showers» también puede traducirse por «cascadas», lo cual podría haber sido adecuado para los paquetes de partículas que atraviesan las cámaras de Wilson (esa es el término que cuaja en español), pero al final se optó por «gerbes» («gavilla» en español). Imagino que, en 1930, la palabra gavilla todavía se asociaba con el trigo y las cosechas, cuando hoy en día nadie utiliza la palabra, salvo cuando se encargan flores para los entierros. No tiene connotaciones muy positivas. Utilizarla como término técnico no ha sido una solución.

¿Qué son exactamente estas cascadas? ¿Qué partículas las engendran? ¿De qué partículas están compuestas?

Con el descubrimiento de la antimateria y la ecuación de Dirac, la rama de la física que se ocupa de la mecánica cuántica, relativista, está en plena ebullición. Se añaden a la ecuación de Dirac los términos que describen las interacciones de los electrones (o positrones, pero yo aquí utilizo el término «electrones» para ambos, que es más simple) con los fotones y con la materia. La electrodinámica cuántica, es decir, la teoría cuántica relativista que describe las interacciones de los fotones y los electrones, la que me enseñaron en cuarto de facultad, está en pleno desarrollo. Hoy en día es una teoría física que está entre las mejor verificadas experimentalmente. Su coherencia y su precisión la convierten en el buque insignia de la física moderna y constituye un modelo para todas las teorías de física de partículas que se desarrollarán posteriormente. Con la ayuda de esta nueva teoría, estamos empezando a comprender que, en los alrededores de un átomo, un electrón o un fotón interactúa con el campo eléctrico de los protones del núcleo. Al aproximarse al núcleo, los electrones se someten a la fuerza eléctrica y se aceleran. Esta aceleración provoca la emisión de fotones que pueden atrapar una gran cantidad de energía del electrón que los ha emitido. Esta emisión se conoce por el nombre alemán «Bremsstrahlung», «radiación de frenado», ya que se opone a la aceleración a la que están sujetos los electrones a la aproximarse, el núcleo. La «Bremsstrahlung» hace que los electrones pierdan mucha energía, y esta es la razón por la cual los rayos cósmicos no pueden atravesar mucha materia, a lo sumo el equivalente de unos centímetros de plomo.

En lo que respecta a los fotones, las interacciones con la materia también nos deparan algunas sorpresas. Conocemos el efecto fotoeléctrico, el que los fotones se comporten como paquetes de energía pura que pueden emitir electrones, pero en este caso prácticamente no interviene. Hay otro fenómeno que aparece y domina las interacciones cuando la energía de los fotones es suficientemente grande, la creación de pares. En las proximidades del núcleo de un átomo, los fotones se transforman en un par partícula-antipartícula; la mayor parte del tiempo se trata de un par electrón-positrón, que es más fácil de crear, pero en principio, con tal de qué la energía del fotón sea suficiente, puede aparecer cualquier par materia-antimateria. Este fenómeno convierte en realidad las predicciones de la electrodinámica cuántica, esa hermosa teoría que engloba la equivalencia energía-materia de la relatividad y la dualidad onda–partícula de la mecánica cuántica. Estas nociones desempeñan aquí su primer rol y proporcionan una realidad concreta a la famosa fórmula de Einstein, $E=mc^2$, la equivalencia entre materia y energía. El fotón, paquete cuántico de energía pura, se transforma, en proporción idéntica, en materia y en anti-materia.

En la materia, los electrones emiten fotones y los fotones se transforman en pares de partículas. Cada vez que tiene lugar una interacción, el número de partículas se duplica, y la energía inicial se la reparten las partículas finales. Es una catarata, un árbol binario. En la entrada hay una partícula, luego dos tras la primera interacción, luego cuatro, ocho así sucesivamente, como los granos de arroz sobre el tablero de ajedrez del braman Sissa. Cuando la energía de las partículas ha disminuido mucho, la catarata se para, los fotones se absorben y los electrones se frenan. Esta descripción de cascadas se la debemos, entre otros, a Robert Oppenheimer. Robert, el hombre del proyecto Manhattan, quien poco después abandonaría los inofensivos rayos cósmicos para estudiar otras cascadas mucho más peligrosas, las cascadas divergentes que rigen la explosión de las bombas atómicas.

Pero volvamos a nuestros rayos. Decíamos que las cascadas son las trazas que dejan las cascadas de electrones y de positrones producidos por las interacciones de fotones y electrones con la materia. Ahora se las llama «cascadas electromagnéticas». Son el componente M que Pierre Auger había descrito en su artículo de 1935 sobre la radiación cósmica. ¿Y qué es el componente D? ¿De dónde viene y cómo está vinculado a M?

Tras su artículo, Pierre siguió utilizando el circuito de Bothe y Rossi para eliminar el ruido de la radiactividad natural y seleccionar solamente las imágenes de los rayos cósmicos. Se cuenta de que ve coincidencias incluso cuando los contadores están muy alejados el uno del otro. No puede ser una misma partícula, la que los dispara, hacen falta al menos dos que lleguen al mismo tiempo. En las cascadas, las partículas sí que llegan en grupo, Pierre lo sabe, pero duda. Algo no cuadra. De acuerdo con sus observaciones, y los numerosos clichés que ha tomado en las cámaras de Wilson, las cascadas tienen poca extensión: miden unas pocas decenas de centímetros de longitud por diez de ancho nada más. No obstante, situando sus contadores a más de un metro de distancia, Pierre comprueba que siguen registrando coincidencias. Unas partículas alejadas a más de un metro pasan al mismo tiempo por cada uno de los contadores.

Pero ¿qué quiere decir exactamente ¿al mismo tiempo? Eso viene determinado por la precisión del circuito de coincidencias, el cual limita por tanto las medidas.

Pierre tiene suerte, su colega y amigo Roland Maze es un as de la electrónica. Antes de la intervención de Roland, el circuito Bothe–Rossi detectaba una coincidencia cuando las dos partículas pasaban por los contadores con una diferencia de al menos un milisegundo. Así, pues, «al mismo tiempo» significaba «milisegundo arriba, milisegundo abajo». En el mundo de las partículas, ¡eso es una eternidad!

Para los experimentos de Pierre, una imprecisión de un milisegundo es simplemente excesivo. A la velocidad de la luz, en un milisegundo se recorren 300 kilómetros, más de diez veces la altura de la atmósfera. Para colmo, durante un milisegundo hay todavía demasiadas coincidencias, debidas al azar, que se llaman fortuitas. Cuando los contadores están alejados, las auténticas coincidencias, las que realmente se deben al paso simultáneo de varias partículas, son cada vez menos frecuentes, de manera que el número de fortuitas se mantiene igual. Si hay demasiadas fortuitas, no se pueden contar correctamente las verdaderas coincidencias. Pierre está contento; gracias al ingenio de Roland su nuevo circuito es mil veces más preciso: permite disminuir a una resolución de una millonésima de segundo, es decir 300 metros a la velocidad de la luz, eso ya está mucho mejor. Es una escala apropiada para el estudio de un fenómeno que tendrá lugar en la atmósfera por encima de los detectores.

El circuito de Roland se pone en marcha: las partículas que detecta Pierre ocurren «al mismo tiempo» en los contadores, con una precisión de una millonésima de segundo, lo que excluye las coincidencias fortuitas gracias a su fiabilidad. El que las partículas pasen simultáneamente indica un origen común. Algo grande, incluso muy grande, se desarrolla en la atmósfera más arriba de nuestros contadores. ¡Gracias, Roland! Pierre continúa con sus experimentos e instala dos contadores a más de 200 metros de distancia en los dos extremos de la calle Pierre -Curie, que hoy lleva el nombre Pierre-et-Marie-Curie, en el 5º distrito. Todavía se producen coincidencias…

Júpiter

$$E_{max} \leq \beta Z B_{\mu G} R_{kpc}$$ [16]

Ocho de la tarde, principios de abril de 1995. Cae la noche sobre el centro de ensayos de Dugway, base militar del ejército americano, cerca del lago salado, en Utah. En las barracas reúno los últimos equipos. Ken está fuera, eligiendo la mejor localización para comenzar nuestras pruebas. Hemos ensamblado un foto-detector y un sistema portátil de registro de señales sobre un pequeño telescopio de 10 pulgadas. Este montaje nos servirá para medir la transparencia y la pureza de la atmósfera. En los lugares potenciales de instalación del observatorio que Jim quiere construir. En breve recorreremos el mundo en búsqueda del sitio ideal. Argentina, Sudáfrica, Rusia, Australia figuran entre nuestros primeros destinos. Mi laboratorio y el CNRS han aceptado financiar mi contribución a esta prospección, de acuerdo con las recomendaciones de Murat, que también me ha presentado a Jim.

Este último me conoce desde hace tres años, está muy contento de mí implicación, donde él ve también una fuente de economía y un medio de dar publicidad a la internacionalización del proyecto. Ken, contratado antes que yo, y consultado con respecto a mi candidatura, tenía otros planes, pero no se dice no a Jim sin una muy buena razón, sobre todo si se le ha metido una idea en la cabeza. Yo aún

[16]Criterio de Hillas que da la energía máxima (en miles de millones de millones de electronvoltios) que puede proporcionar a una partícula de carga Z una fuente astrofísica de tamaño R en miles de parsecs en un campo magnético B en milésimas de gauss.

no lo sé, pero Ken, que lleva muchos años trabajando con él, es perfectamente consciente de ello. Jim es una asombrosa combinación de físico delicado y temperamento de acero. «Un gorila de 10 libras», es como Ken se refiere a él.

En nuestros primeros intercambios de correos, muy corteses, adivino el resentimiento de Ken. Nuestro encuentro en el laboratorio Fermi, en las afueras de Chicago, será decisivo. Ken me esperaba, sentado solo en una mesa de la cafetería, inmerso en la lectura de una novela. Un apretón de manos franco, unos ojos azules que escrutan hasta los mínimos detalles a ese pequeño *Frenchy* que le han impuesto. Los primeros intercambios son gélidos, pero el ambiente se relaja enseguida. Ken es muy directo, algo sorprendente para un anglosajón, le gusta la literatura y no bebe Coca-Cola. Yo abandono mis prejuicios. Estamos en la misma longitud de onda y nos entendemos muy bien. Se va a instalar una amistad sólida, será esencial para el éxito de nuestra empresa, pues vamos a tener que pasar varios meses juntos. Finalmente, llegaremos a formar una pareja muy unida y muy eficaz, y muchos se asombrarán de nuestra evidente complicidad. Jim será la primera persona en sorprenderse del éxito total de este matrimonio forzado.

Esa noche de abril en Dugway se ensayará el equipo, objetivo Júpiter y sus lunas. Voy a contemplar por primera vez el cielo a través de un telescopio. A los 33 años recién cumplidos ¡ya va siendo hora!

Ken me proporciona unos rudimentos de astronomía, me enseña dos o tres constelaciones y el plano de la eclíptica. Me explica cómo alinear el telescopio con el eje de la Tierra para poder compensar fácilmente su rotación cuando estemos observando. Yo admiro Júpiter y sus cuatro lunas más visibles, Io, Europa, Ganímedes y Calisto. En cuanto a la poesía, no cabe duda de que los astrónomos tienen algunas clases que darles a los físicos. El equipo funciona perfectamente desde el primer ensayo, ¡nunca me había sucedido! En una semana cumplida hemos ensamblado el detector, construido su electrónica, codificado el software de adquisición y los programas de visualización de datos y todo va bien desde el primer momento. ¡Qué felicidad! Estamos lejos de los años que representan la puesta a punto y la explotación de un experimento moderno de física de partículas. Evidentemente, el objetivo es menos ambicioso. Nos hemos dado por satisfechos con la construcción de un fotómetro portátil, para cuantificar la calidad de la atmósfera, en los lugares que vamos a visitar. Pero es agradable diseñar un pequeño detector de principio a fin, ensamblarlo y comprobar que funciona según lo previsto. Dentro de unos días viajaremos a Argentina.

Cuando, unos meses antes, anuncié a mis colegas de NOMAD que me iba de viaje a la búsqueda de un emplazamiento para un observatorio de rayos cósmicos, no tardaron en circular las bromas.

Para los físicos de partículas del siglo XX, la radiación cósmica es el regreso a la edad de piedra.

¿Qué valiosos resultados se pueden esperar de estos experimentos poco precisos hechos en condiciones mal controladas? Uno de ellos me soltó con desdén: «O sea ¿parece que te vas? ¿Vas a hacer de mozo de equipaje de Jim Cronin?» Qué más da, escapar, aunque sea por poco tiempo, del confort aséptico y a menudo subterráneo de los experimentos de física de partículas, de sus calendarios plurianuales, y el ambiente industrial de las grandes colaboraciones se ha convertido para mí en una necesidad. Necesito retomar un contacto más directo con la naturaleza que estudio. Además, estoy convencido de una cosa: con el observatorio que propone Jim vamos a alcanzar un dominio de energía al cual los aceleradores jamás tendrán acceso, y en física de partículas, aumentar la energía es como abrir una nueva ventana. ¿Quién sabe qué paisaje vamos a descubrir?

Laguna Blanca, provincia de Río Negro, 190 km al nordeste de Bariloche, Patagonia argentina. La noche es de un negro tinta este final de abril, a mitad del otoño austral, el frío ya muy vivo. El cielo, por encima de nuestras cabezas, es espectacular. La Vía Láctea, nuestra galaxia, dibuja un magnífico arco de luz que una nube de polvo interestelar separa torpemente en dos ramas. Las Nubes de Magallanes, como dos balas de algodón translúcido, se posan al sudeste. Son las galaxias vecinas de la nuestra, mucho más pequeñas: diez mil millones de estrellas en la Pequeña Nube, cuarenta mil en la Grande, mucho menos que la Vía Láctea, donde se cuentan varios cientos de miles de millones. A pesar de la calidad del cielo, lo sabemos ya, este emplazamiento no nos conviene: es demasiado pequeño y demasiado accidentado. Nuestros colegas argentinos no están preocupados, su país es grande. Tienen media docena de sitios que enseñarnos. De todos modos, escrupulosos como somos, pasamos la noche midiendo las curvas de extinción siguiendo la disminución de la luz de algunas estrellas a medida que van descendiendo hacia el horizonte. Sirio, la estrella más brillante del cielo, Canopus, Altair, Arcturus la de color naranja, Alfa Centauri tan cerca, estas son mis compañeras nocturnas.

Unos días más tarde, después de tres nuevas visitas igual de infructuosas, estamos en San Rafael, 1.000 kilómetros al norte de Bariloche. Nuestras condiciones se las traen: buscamos un espacio de 3.000 kilómetros cuadrados, lo más llano posible para que los detectores se puedan comunicar sin obstáculos, con un cielo puro sin contaminación lumínica y sin polvo, con atmósfera seca y a una altitud comprendida entre 1.000 y 1.500 metros. Ni siquiera en Argentina resulta fácil. Nos quedan aún dos sitios por visitar al norte de Mendoza, pero esta tarde Ken y yo estudiamos un mapa de los alrededores. Al sur de San Rafael, después de una pequeña barrera rocosa, se extiende un plano aluvial de buenas dimensiones bordeado muy al sur por la ciudad de Malargüe. A la mañana siguiente informamos a nuestros compañeros: en vez de continuar en dirección norte hacia Mendoza queremos descansar y visitar esta región más al sur que viene en nuestros mapas. Nosotros dejamos que ellos vayan a su aire y nos ponemos en marcha. El plano cumple sus promesas: la zona es inmensa y plana como un mar en calma, la vegetación semi desértica anuncia un clima seco, pero es suficientemente densa para evitar que se levante demasiado polvo en caso de que haga viento. Subimos hasta Malargüe para tomar medidas de extinción. Esa noche, más tarde, instalados en la pista de un aeropuerto que no parece tener mucho tráfico, comprobamos hasta qué punto la atmósfera es límpida. Es un sitio excelente.

Tras dos sitios adicionales, más al norte y demasiado polvorientos, dejamos Argentina rumbo a Sudáfrica y su desierto del Kalahari. Una sola visita aquí, un solo emplazamiento, pero perfecto.

El ambiente de Sudáfrica es surrealista. Hace poco que acabaron con el «apartheid», Nelson Mandela es el presidente desde hace un año y la esperanza de días mejores se aprecia en toda la población. Blancos y negros, todos creen en un futuro tranquilo en el que el país, al fin unido, entrará de pleno derecho en la comunidad internacional. Emociona ver a esta nación, tan salvajemente dividida en su momento, enarbolar esa esperanza. Un mes después estamos en Rusia, donde el ambiente también sorprende. Son aún visibles los vestigios de la administración socialista, entre ellos la presencia de nuestra «conserje» espiando las entradas y salidas de los visitantes extranjeros de la Universidad de Moscú. En realidad, no es más que una reliquia. ¿A quién iba a poder ella informar de nuestras idas y venidas? ¿A quién sigue interesándole eso? Nuestros camaradas rusos querrían que visitáramos la región del lago Baikal, pero es demasiado al norte. EEn lugar de eso, viajamos hacia el sur, hacia Volgogrado —ex Stalingrado—, luego a Alma-Ata, que es todavía la capital de Kazajistán. El viaje es épico. En el aeropuerto de Moscú, Cheremétievo, las antiguas tradiciones de la Unión Soviética perduran. Tras pasar por una ventanilla reservada a los extranjeros, la policía nos aparca en un recinto cerrado en el centro de la sala de espera. Ken y yo estamos solos, observados por los viajeros autóctonos a quienes parece hacerle gracia la situación. Embarcamos con dos horas de retraso, escoltados por dos funcionarios que nos obligan a saltarnos la cola de espera y subir los primeros. Los demás pasajeros, impacientes, se amontonan detrás nuestro. Los improperios que nos lanzan en inglés confirman la poca estima que nos tienen los hombres que nos ven subir antes que sus mujeres. El Tupolev-134 está en un estado penoso, la moqueta del pasillo central está agujereada y medio despegada. La azafata que va delante de mí tropieza y casi se cae. En mitad de la cabina, se libera un gran espacio delante de la salida de emergencia. Faltan una o dos filas de asientos. Nos instalan en la primera fila, los pasajeros desfilan lanzándonos miradas de odio.

Durante el vuelo, un grupo de kazajos se sitúan delante de las salidas de socorro, extienden una manta en el suelo y toman un picnic a la vez que cantan. Nada más aterrizar, salimos en dirección a la frontera china, hacia los contrafuertes de Tian Shan.

En la ciudad que bordea el lugar elegido por los kazakos el alcalde nos recibe como salvadores. Desde que el antiguo bloque soviético colapsó y Kazajstán declaró su independencia, los rusos se han ido dejando todo arrasado. Nos muestran enormes hangares donde se alinean decenas y decenas de máquinas sin nadie que las opere. Al día siguiente partimos, más de seis horas de viaje especialmente difícil. El sitio es demasiado pequeño, demasiado inaccesible, el soporte científico local demasiado tenue: ni siquiera nos molestamos en hacer medidas. Nos llevan a una aldea cercana y casi abandonada. Entendemos que no han previsto la entrada en la ciudad. Nos instalan en una villa donde han improvisado unos dormitorios. Festejaremos con mucho vodka, en un ambiente que solo el alma eslava puede producir, alternando profunda tristeza y sonidos de una alegría brutal y explosiva, tanto el cumpleaños de Ken como la desesperada esperanza de nuestros huéspedes de que el futuro observatorio se construya en su vecindad.

Durante los meses siguientes visitamos numerosos lugares más: Australia, México, España y América. Paisajes inmensos, vírgenes y salvajes, de cielos puros y espacios infinitos. La naturaleza es omnipresente, viento, lluvia, frío, flora, fauna, somos dos pequeños cantos que ruedan en el río. Sobre nosotros, el inmenso firmamento recuerda nuestra condición de seres humanos. La naturaleza nos desanima y nos alienta. Sus misterios están ante nuestros ojos, en el mismo límite de nuestra perspicacia e imaginación. Para mí es un regreso a las raíces. Adoro esta sensación.

Nuclear

Cuando la materia se convierte en energía

A principios de ese año, 1938, Pierre Auger regresa al Jungfraujoch. Tiene una sola idea en la cabeza: medir hasta qué distancia se extienden las coincidencias que ha observado en París los años anteriores. Pertrechado con los cuatro contadores Geiger-Müller, las dos cámaras de Wilson y el famoso circuito de Bothe-Rossi, perfeccionado por su amigo Roland, Pierre está impaciente por continuar con sus experimentos. En la cumbre de los Alpes, el flujo de rayos cósmicos es más intenso, Pierre puede prolongar sus mediciones en condiciones excelentes. Constata que incluso a varias decenas de metros de distancia sus contadores siguen registrando numerosas coincidencias. ¿Por qué las partículas llegan simultáneamente al suelo estando muy alejadas unas de otras? ¿Implica esto que tienen un origen común, bastante por encima de los contadores de Pierre, en algún sitio de la atmósfera?

De acuerdo con esta hipótesis, las partículas que observamos al nivel del suelo no serían entonces más que partículas secundarias surgidas de la cascada engendrada por la interacción de la radiación cósmica primaria con un átomo de la parte alta de la atmósfera. Lo que los físicos registran desde hace 40 años y que denominamos rayos cósmicos serían tan solo los descendientes de un rayo cósmico primario, y no partículas procedentes directamente del cosmos. Pierre imagina que los rayos cósmicos, al entrar en la atmósfera, desaparecen y producen una cascada electromagnética. Pero si es así, ¿por qué quedan aún partículas en el suelo? El desarrollo de las cascadas electromagnéticas es muy rápido, unos pocos centímetros de plomo son suficientes para producirlas y absorberlas completamente y la atmósfera por encima de la Tierra contiene mucha materia, el equivalente de casi un metro de plomo. Por esa razón, las partículas producidas deberían haberse absorbido todas bastante antes de llegar al suelo. Esto es, en todo caso, lo que prevé la teoría, si bien es cierto que las mediciones han puesto de manifiesto que una parte de la radiación que llega al suelo es muy energética y parece ser capaz de atravesar varios metros de plomo o de roca. Este es el «componente D» de Pierre, que midió hace varios años aquí en el Jungfraujoch, en París y en el Pic du Midi.

Este componente D ¿es entonces la clave del misterio? ¿Está formado por electrones y positrones muy energéticos? Esta hipótesis es difícil de conciliar con la electrodinámica cuántica, la cual prevé que cuanto más energética es la partícula inicial más energía pierde en sus interacciones con la materia. Ahora bien, el componente D, aun siendo muy energético, no pierde mucha energía; tampoco parece producir cascadas. ¿Acaso la teoría de la electrodinámica cuántica será falsa a partir de una cierta energía?

¿Un fallo de la teoría? Es lo que piensa Robert Millikan: eso permitiría rehabilitar en parte sus puntos de vista sobre el origen de los rayos cósmicos y la génesis continua de átomos. Si la electrodinámica cuántica es falsa, entonces los fotones producidos por la síntesis de los elementos del universo, podrían atravesar la atmósfera y llegar sin obstáculos hasta el suelo. En cambio, si es correcta, entonces un fotón producido en el universo no tiene la más mínima probabilidad de haber llegado al suelo antes de desaparecer en una cascada, y Millikan no podría haberlo medido. Aunque también Robert

Oppenheimer piensa que la teoría puede ser falsa, ya que él considera que siempre hay que tener presentes todas las hipótesis, a pesar de todo es más prudente. A finales de 1935, pone en duda, en un artículo, que la electrodinámica cuántica sea acertada, pero en la misma oración escribe: «una parte de los rayos cósmicos, podría estar constituida de partículas muy penetrantes que no conocemos aún».

Pierre Auger está convencido de esta segunda hipótesis. No hay ningún error en la teoría, al contrario: la radiación penetrante observada es una partícula nueva. Para él, están por un lado las cascadas electromagnéticas, bien descritas por la electrodinámica cuántica, y entre otros, los trabajos de Robert Oppenheimer. Por otro lado, un componente duro mucho más extendido al nivel del suelo, compuesto por partículas más penetrantes y responsables de las coincidencias que el observa a grandes distancias. ¿Qué relación hay entre las cascadas de pequeño tamaño que Pierre y otras personas han visto en los clichés de la cámara de Wilson y estas partículas penetrantes que se encuentran en las coincidencias a grandes distancias? ¿Tienen un origen común?

En el Jungfraujoch, Pierre toma muchas medidas, separando cada vez más sus contadores. Las aleja más de 300 metros y siempre encuentra partículas que presentan coincidencias. La escala característica del fenómeno que está observando es de varios cientos de metros: una enormidad. Plantea la hipótesis de que las partículas que llegan al suelo coincidiendo tienen un origen único, a saber: un rayo cósmico primario. Calcula entonces la energía necesaria para que este rayo cósmico inicial inicie, al entrar en la atmósfera, tal cascada de partículas. Encuentra del orden de cien a mil billones de electronvoltios.

Mil billones de electronvoltios es una cantidad fabulosa, decenas de millones de veces más energía que las trazas más energéticas medidas hasta ese momento. De un solo golpe, gracias al progreso técnico de Roland y a la intuición científica de Pierre, la escala de la energía accesible a la ciencia se ha ampliado hacia arriba por un factor enorme. Sigue siendo hoy en día una energía de diez a cien veces más elevada que la que produce el acelerador más potente del planeta, en el CERN. En la época de Pierre era casi inconcebible: «casi» porque Pierre lo concibió efectivamente, pero es un resultado verdaderamente asombroso. En ese año, 1938, Pierre descubrió las grandes cascadas atmosféricas, esas que, cincuenta años más tarde, Jim Cronin querrá estudiar con su inmenso observatorio. Nosotros lo construiremos y, siguiendo la recomendación de Murat, lo llamaremos Observatorio Pierre Auger, en honor al descubrimiento de este último en los Alpes suizos.. Es en cualquier caso mejor que P5000. ¡Gracias, Murat!

No es fácil establecer la fecha exacta del momento en que la partícula penetrante, que compone parte de la radiación que llega al suelo, finalmente se aisló. Entre 1936 y 1939, varios experimentos reforzaron la hipótesis de su existencia, pero fue su encadenamiento y el abandonar la idea de que el fallo pudiera estar en la electrodinámica cuántica lo que realmente permitió el descubrimiento. A esto se suma el hecho de que en 1935, en Japón, los trabajos de Hideki Yukawa le llevaran postular la existencia de una nueva partícula, el mesón, cuya masa estaría comprendida entre la del electrón y la del fotón. Hideki, quién sabía que los protones tienen una carga eléctrica positiva, mientras que los neutrones carecen de carga, había comprendido que solamente podía tenerlos juntos en el núcleo con la ayuda de otra fuerza. Hoy en día, esta fuerza se denomina «interacción fuerte», su mensajero es el mesón que había postulado Yukawa.

Gracias a las trazas de las cámaras de Wilson, se mide la masa de la partícula penetrante y se constata que está comprendida entre la del electrón y la del protón. Es en parte gracias a esta medida que podemos estar seguros de haber dado con una partícula nueva. El «mesón-mu» o «mesotrón», o incluso «mesotón», pesa 200 veces más que un electrón, y cinco veces menos que un protón. Todavía no se conoce su auténtica naturaleza, solamente se sabe que, efectivamente, existe. Como su masa corresponde a la predicción de Hideki, se concluye que se trata de esa partícula. Es un error: el «mesón-mu», que actualmente llamamos simplemente «muón», no es el mensajero de la interacción fuerte predicho por Hiraki, a pesar de tener masas muy similares. Pero estamos en el año 1939 y el mundo tiene otras cosas de qué preocuparse.

La segunda Guerra Mundial hunde a Europa en el horror. La física de los rayos cósmicos dará un vuelco irreversible. Los físicos están acostumbrados a trabajar juntos, con independencia de su país de origen. Se conocen, intercambian información, se hacen largas visitas. Sin duda son patriotas, pero la mayoría no son nacionalistas. Los investigadores europeos se dispersan. Abandonan la Alemania nazi y los territorios ocupados, algunos por ser perseguidos, muchos otros por solidaridad y convicción. En 1942, Robert Oppenheimer abandona la investigación fundamental y los rayos cósmicos para volcarse totalmente en el esfuerzo de guerra americano. Llegará a ser uno de los principales artífices del proyecto Manhattan y de la construcción de la primera bomba atómica. La física nuclear, hija de la radiación cósmica, encuentra aquí la primera aplicación. Es un punto de inflexión para la física fundamental a la vez que un cataclismo para la humanidad. La guerra termina con las explosiones de Hiroshima y Nagasaki. Robert, muy afectado, cita en sánscrito el Bḥagavad-Gita, la canción de los afortunados: «Ahora yo soy la muerte, el destructor de los mundos». Albert Einstein se arrepentirá durante el resto de su vida de haber dirigido, en 1939, una carta a Roosevelt en la que advertía sobre los potenciales peligros de las reacciones nucleares. Al contrario de lo que él imaginaba, esta carta le sirvió al presidente americano para poner en marcha el proyecto Manhattan. «Por desgracia, hoy se ha hecho evidente que nuestra tecnología supera a nuestra humanidad» dirá Albert.

Tras la guerra, la radiación cósmica pasa a un segundo plano. Las dos ramas de la física a las que ha dado lugar —la física nuclear, por un lado, y la física de partículas o física de altas energías, por el otro— cambiarán de escala. Ya no se trata de unas cuantas personas haciendo sus propios experimentos, cada una en su laboratorio, e intercambiando sus resultados.Pasamos al área militar industrial: la física de altas energías se convierte en una apuesta estratégica nacional. La carrera de armamento en la Unión Soviética, en los Estados Unidos, pero también en Francia, Inglaterra y otros países, hace estragos. Nadie quiere quedarse al margen de un nuevo descubrimiento.

En 1945, un nuevo avance en las técnicas de detecciones, las emulsiones fotográficas desarrolladas por Cecil Frank Powell, permiten identificar al verdadero actor de la interacción fuerte, el mesón de Hideki. Se llamará «mesón-pi», o simplemente «pion». Las emulsiones, una especie de gelatina, funcionan como gruesas placas fotográficas. Igual que las cámaras de Wilson, permiten fotografiar las partículas, pero gracias a su elevada densidad también se pueden producir interacciones y estudiar las correspondientes imágenes. Cecil toma fotos de rayos cósmicos en las cumbres de las montañas, como el Pic de Midi en Francia, o en los Andes, en Bolivia. Poner un poco de orden en todos estos descubrimientos llevará muchos años, y los aceleradores desempeñarán una función crucial. Actualmente, las partículas se organizan en dos grandes familias. La primera agrupa a todas las partículas sensibles a la interacción fuerte, que llamamos «hadrones». Los protones y neutrones que se encuentran en el núcleo de los átomos son hadrones, y también los piones de Hideki. En la segunda familia están las partículas no sensibles a la interacción fuerte, llamadas «leptones». Son leptones el electrón y el muon.

Los leptones son partículas elementales, lo cual significa que carecen de estructura interna, o como mínimo, que hasta ahora no hemos observado que la tengan. Hemos descubierto tres generaciones en la familia de los leptones. Cada generación cuenta con dos partículas, una cargada, la otra no: estos son los neutrinos. La primera generación es la del electrón y su compañero, el neutrino-electrón; la segunda es la del muon y del neutrino-muon; la tercera, la del tau y del neutrón-tau. El último leptón con carga, el tau, descubierto en los años 70, es 15 veces más pesado que el muon y más de 3000 veces más pesado que el electrón. ¿A qué se deben estas diferencias? Misterio. Por su parte, los tres neutrinos tienen masas ínfimas, una millonésima de la del electrón. Esta diferencia de masa sigue siendo misteriosa.

En lo que respecta a los hadrones, el asunto es aún más complejo. Gracias a los aceleradores, hemos comprendido que los neutrones, los protones, los piones y otras partículas de esta familia no son elementales, sino compuestas: están formadas por un conglomerado de ladrillos fundamentales llamados quarks. Por una vez, los físicos han ido más allá del alfabeto griego y han buscado inspiración en la literatura: se eligió una palabra inventada por James Joyce que aparece en su obra Finnegans Wake. Hay asimismo tres familias de quarks de dos miembros cada una, con la diferencia de que los leptones se dividen en cargados y neutros, mientras que las familias de quarks tienen un miembro de carga 2/3 y otro de carga -1/3. Los quarks no aparecen nunca aislados, sino que se asocian entre ellos para formar hadrones, de manera que la carga del conjunto sea siempre un número entero (0, 1, 2...). Concretamente, los protones y neutrones están formados por tres quarks, los piones por dos quarks (de hecho, se trata de un quark y un anti-quark). Con seis quarks y los correspondientes seis anti-quarks se pueden hacer muchas combinaciones y producir otras tantas partículas y anti-partículas diferentes en los aceleradores. Las únicas estables son el fotón, el neutrino, el electrón y el protón. Todas las demás son inestables y se desintegran espontáneamente en partículas más ligeras, incluso el neutrón, el cual, en unos 15 minutos por término medio, se desintegra, dado lugar a un protón, un electrón y un neutrino.

¿Por qué los leptones y los quarks tienen tres familias? ¿Por qué son tan diferentes las masas de los leptones cargados y las de los neutrinos, o las masas de los quarks? No lo sabemos. Todos esos números que no somos capaces de predecir son parámetros en el modelo estándar de la física de partículas. A día de hoy hay veintiséis de esos parámetros, muchos, quizás demasiados, máxime cuando sabemos que el modelo es incompleto. La calidad de una teoría la determinan sus predicciones y el número de parámetros que necesita. Cuánto menos haya, mejor. ¡Nos queda trabajo por delante!

Para estudiar el comportamiento de las partículas elementales se construyen aceleradores cada vez más potentes, en los que circulan haces de protones o electrones que colisionan en puntos fijos, rodeados de detectores cada vez más complejos y eficaces. En 1989 se inauguró en el CERN el mayor acelerador del mundo, el LEP. Se trata de un anillo de casi 27 kilómetros de circunferencia con cuatro puntos de colisión, cada uno rodeado de un detector de varias toneladas que contiene decenas de metros de dispositivos electrónicos de alta tecnología. Su desarrollo por el conjunto de la comunidad europea duró más de 10 años y otros tanto la explotación. En 2001 el LEP se detuvo para hacerle sitio a otro acelerador, más potente todavía, alojado en el mismo túnel. Es el LHC, también con cuatro puntos de colisión, cuatro detectores, miles de físicos, coste superior a diez mil millones de euros; se prevén 20 años de desarrollo y 20 de explotación. El LHC permite acelerar los protones hasta un poco menos de diez billones de electronvoltios, algo notable. Sin embargo, la declaración de Pierre Auger en 1982 sigue teniendo validez:

«A partir de esa época (1953), los rayos cósmicos se quedaron en un segundo plano, pasando el testigo a los aceleradores de partículas. No obstante, incluso en la actualidad, los aceleradores todavía no han alcanzado a los rayos cósmicos. En 1938 demostré la presencia, en la radiación cósmica primaria, de partículas de energía superior a mil billones de electronvoltios, y en consecuencia un millón de veces superior a lo que eran capaces de producir los aceleradores de esa época. E incluso ahora que los aceleradores sobrepasan en mucho los mil millones de electronvoltios, no alcanzan, sin embargo, los cien mil billones de billones, la energía más elevada medida para esos rayos cósmicos. En consecuencia, la radiación cósmica no ha sido destronada en lo que respecta a la energía de las partículas y todavía tiene ante sí un bonito futuro, aunque solamente sea para saber de dónde proceden estas partículas y cómo han sido aceleradas».

Corte

$$p + \gamma \rightarrow N + \pi$$ [17]

A partir de la decada de 1950, la física de partículas se desarrolla a grandes pasos y absorbe gran parte de los esfuerzos experimentales y teóricos. Quedan, sin embargo, algunos físicos temerarios e independientes que continúan interesándose por los rayos cósmicos. Bruno Rossi, el hombre del circuito de coıncidencia, es uno de ellos. Ha construido la estación astronómica de Agassiz en la universidad de Harvard. Se trata de un grupo de 15 detectores de cascadas electromagnéticas, con los que se estudian las formaciones descritas por Pierre Auger, producidas por rayos cósmicos cuya energía excede el millar de billones de electronvoltios.

Para debatir sobre fenómenos cósmicos hay que ser capaz de manipular números muy grandes, como la masa del sol, que asciende a 20 mil billones de miles de billones de kilogramos. Naturalmente, se puede cambiar el sistema de unidades y medir las masas de las estrellas o de los agujeros negros en masas solares en lugar de kilogramos. Pero si estamos hablando al mismo tiempo de partículas o de fenómenos cuánticos, a menudo hay que saber manipular números muy pequeños. La masa del protón es una 1,6 mil millonésima de mil millonésima de mil millonésima de kilogramo; se entiende que yo no ose escribir aquí su masa en unidades de masa solar.

---

[17]Reacción de producción de un mesón pi (π) y un nucleón (N) durante la coalescencia de un protón (p) con un fotón (γ).

Billones de billones, millonésimas de mil millonésimas, estas cifras son incómodas de enunciar y de visualizar, incluso para un físico. Para simplificar la tarea no utilizamos términos como millones y billones para describir las grandes cantidades, ni millonésimas o mil millonésimas para las pequeñas, sino que simplemente contamos los ceros. Para los números grandes utilizamos superíndices positivos (los matemáticos los llaman exponentes). Así 1 millón es la cifra 1 seguida de seis ceros, que se escribe 10^6, un billón es un uno con doce ceros, o sea 10^{12} etc. Los superíndices (o exponentes) negativos se usan para las cantidades pequeñas: una millonésima sin abreviar es 0,000001 (es decir, seis ceros delante del uno, contando el cero que precede a la coma o al punto digital) , y normalmente se expresa 10^{-6}, una mil millonésima es 10^{-9}.

Con esta notación, la masa del sol se escribe 2×10^{30} kg y la del protón $1{,}6 \times 10^{-27}$ kg. Al hablar de la energía de la radiación, la unidad que se usa es el electrón-voltio (o eV): los rayos de los tubos de Crooks o los rayos X de Wilhelm Röntgen tienen una energía de varios miles de electronvoltios, es decir, unos 10^3 eV, los rayos uránicos de Antoine Henri Becquerel, varios millones, en notación científica varios 10^6 eV y los rayos cósmicos que Bruno Rossi quiere estudiar con su red de Agassiz, entre 10^{15} y 10^{18} electronvoltios.

Los detectores de red de Bruno están concebidos a partir de un material nuevo que llaman «centelleador», un nombre bien puesto ya que emiten luz como respuesta al paso de una partícula cargada. El proceso de centelleo es bastante más rápido que la formación de burbujas en las cámaras de Wilson o el arco eléctrico en los contadores Geiger-Müller. La técnica de las coincidencias se beneficia directamente de esta respuesta, muy rápida y llega a ser aún más eficaz, permitiendo alejar cada vez más los detectores entre ellos. No obstante, un incidente tras una tormenta, ralentizó los esfuerzos de Bruno.

Inicialmente él utilizaba como centelleador un aceite orgánico mezclado con bencina, un cóctel sumamente inflamable. Un relámpago que cae cerca de uno de los detectores provoca un incendio, retrasa la puesta a punto de la red y obliga a Bruno a cambiar de sistema. Sustituye el líquido por un plástico centelleador recientemente puesto a punto y mucho menos inflamable, y además desarrolla toda una serie de técnicas para deducir de sus registros las características del rayo cósmico primario que ha generado la cascada en la atmósfera. A partir de las señales recogidas en coincidencias es capaz de reconstruir la dirección de llegada y la energía del rayo primario. Estas técnicas se siguen utilizando actualmente en las redes de detectores. La red de Agassiz registra las cascadas, de las que la primaria tiene una energía cercana a los 10^{19} electronvoltios, pero estos sucesos son muy infrecuentes, dado que a estas energías el flujo de rayos cósmicos es muy débil: ¡un rayo cósmico por año y por kilómetro cuadrado! Hace pues falta una red de detectores que cubran una superficie mayor. Bruno animó a uno de sus brillantes asistentes, John Linsley, a continuar la investigación y construir su propia red. A finales de los años 50, John se instala cerca de Albuquerque en Nuevo México dónde es profesor ayudante. En la localización de Volcano Ranch despliega una red de 19 detectores a base de centelleadores plásticos, con una separación de casi un kilómetro entre unos y otros, sobre una superficie total de casi 10 km^2. Es, de lejos, el detector más grande del mundo; los físicos del MIT que trabajan con John lo llaman «la reina del desierto». A principios del año 1962, justo antes de mi nacimiento, la reina del desierto registra una cascada de partículas producida por un rayo cósmico de energía superior a 10^{20} electronvoltios. Es una cifra considerable. Si la fuente estuviera en nuestra galaxia, se habría visto desde hace mucho tiempo en el espectro visible o en radio, ya que, a estas energías, los rayos cósmicos salen de la Vía Láctea en línea recta. Así pues, John no solamente detenta el récord del rayo cósmico más energético, sino también la prueba de que algunos de ellos provienen de fuentes exteriores a la Vía Láctea. El número de rayos cósmicos que alcanzan cada segundo la atmósfera de la Tierra decrece con su energía: cuanto más elevada es esta, menos rayos hay. John mostrará que este número, que decrece rápidamente entre 10^{15} y 10^{18} electronvoltios, frena un poco su caída cuando pasa de 10^{18} electronvoltios. Esta disminución de la velocidad refuerza la idea de que unas fuentes nuevas, exteriores a nuestra galaxia, intervienen a las energías más altas.

Los rayos cósmicos serían, pues, grandes viajeros. ¿De dónde vienen exactamente? ¿Cuánto tiempo dura su viaje? Si el espacio interestelar o intergaláctico estuviera absolutamente vacío, un protón cósmico podría viajar de manera prácticamente indefinida hasta topar con una estrella o un planeta. Pero el universo no está vacío: contiene galaxias y estrellas dispuestas aquí y allá; y, sobre todo, el espacio entre estos objetos —el espacio intersideral— está, a su vez, lleno de partículas, más o menos fugaces: fotones, neutrinos, quizá incluso hipotéticas partículas de materia oscura. El universo es un sistema con una historia, en evolución permanente, y no está vacío en absoluto.

La cosmología dispone, igual que la física de partículas, de un «modelo estándar» para describir su evolución desde su origen hasta nuestros días. Es el modelo del Big Bang, aceptado por una gran mayoría de físicos. Estipula que el universo que puede describirse con las leyes de la física que conocemos apareció hace 13.700 millones de años. Antes de ese instante, se entra en lo que se llama «la era de Planck», así denominada en homenaje a Max, de la que no se puede decir nada, porque nuestras leyes dejan de aplicarse y las nociones de espacio y de tiempo quizá ni siquiera estén definidas. Al final de la era de Planck, el universo es un plasma de materia a una temperatura de 10^{32} grados que se infla exponencialmente. Tras un periodo de tiempo extremadamente breve, 10^{-32} segundos, la inflación se detiene, la energía se transforma en partículas, el universo continúa aumentando de tamaño, pero a una velocidad mucho más lenta, y al mismo tiempo que se va inflando, se enfría. Pasados 380.000 años su temperatura está ligeramente por debajo de los 3000 grados, todavía no hay estrellas ni galaxias, pero el plasma de materia ya tiene suficiente transparencia para que la luz pueda propagarse libremente. Los fotones emitidos cuando el universo tenía 380.000 años aún están allí, y hay un gran número de ellos: 400 en cada centímetro cúbico del universo. Constituyen lo que llamamos el fondo cosmológico de radiación» o la «radiación fósil». En 1965, el descubrimiento fortuito de esta radiación fósil por Arno Penzias y Robert Wilson trastocó nuestro conocimiento del universo y concedió toda su legitimidad al modelo del Big Bang, que se impone a la teoría del estado estacionario, que describía el universo como eterno e inmutable.

Para un rayo cósmico, los fotones de la radiación fósil son blancos contra los que pueden chocar, perdiendo parte de su energía. La probabilidad de que un rayo cósmico y un fotón de la radiación de fondo interaccionen (choquen) aumenta a medida que aumenta la energía del rayo cósmico, así que podemos imaginar que, para este, el tamaño de los blancos contra los que puede chocar crece a medida que aumenta su energía. A partir de un cierto punto los blancos se vuelven enormes y es imposible que un rayo cósmico viaje muy lejos sin entrar en colisión con un fotón fósil. Durante la colisión, el fotón desaparece, se generan partículas y, como contrapartida, el rayo cósmico pierde parte de su energía. El fondo difuso actúa como si fuera un freno. Para los protones cósmicos, el freno empieza a actuar cuando su energía supera los 5×10^{19} electronvoltios; por debajo de este valor, los fotones blancos son tan pequeños que los protones pueden viajar durante varios miles de millones de años manteniendo su integridad. Entre 5×10^{19} y 10^{20} electronvoltios la duración del viaje se reduce a unos cien millones de años. Pero los rayos cósmicos no están solo compuestos por protones; también hay núcleos de átomos y algún que otro fotón. Para ellos, los mecanismos son un poco diferentes, pero el freno también se activa, si bien a energías más bajas. Este fenómeno lleva el nombre de tres investigadores que lo calcularon poco tiempo antes del descubrimiento del fondo difuso, es el corte o límite de Greisen-Zatsepin-Kuzmin, GZK para los amigos.

Con el corte GZK, un protón que llega a la Tierra con una energía superior a 5×10^{19} electronvoltios no puede haber viajado más de 100 millones de años, por tanto su origen desde estar cercano a nuestro planeta. Cien millones de años luz desde luego que parece una barbaridad, pero a la escala del Universo es más bien una distancia pequeña: representa menos de una centésima del tamaño actual del Universo, o menos de una millonésima de su volumen. Por analogía es un poco como si, instalados en el centro de París, no viéramos nada de Francia más allá de la periferia, o más exactamente, solamente los fotones menos energéticos, los rojos y los naranjas, y nada más allá del amarillo. París estaría en color, pero todos los alrededores y el resto de Francia sería de un rojo progresivamente más profundo. Dicen que los parisinos ven Francia así, pero eso no es, obviamente, debido al corte GZK. La brusca reducción del volumen visible del Universo que implica el corte GZK hace que muchas fuentes, visibles a baja energía, desaparezcan a una energía mayor, y que el flujo de partículas que llegan a la Tierra caiga de manera desmedida más allá del corte. Eso es lo que predicen Greisen, Zatsepin y Kuzmin.

Pero volvamos a John Linsley, que mantiene activa su red y recoge los datos sobre los rayos cósmicos de energías ultra altas durante casi 20 años. Él es independiente, lo hace esencialmente solo, pero su red es demasiado pequeña, y su ingenio y recursos no bastan para compensar ese fallo. En 1976 acoge a un equipo de físicos de Utah que debe poner a punto un nuevo tipo de detector de rayos cósmicos: los telescopios fluorescentes. Estos telescopios observan la atmósfera y son capaces de captar, por la noche, la débil fluorescencia que provoca en el aire el paso de grandes cascadas de partículas. Son instrumentos muy sensibles y su puesta a punto ha llevado más de diez años, pero permite tomar una imagen completa del desarrollo de la cascada en la atmósfera. Es un gran avance comparado con las redes de detectores, los cuales solo registran las partículas que llegan al suelo. Fue en Volcano Ranch donde se registró la primera imagen de la fluorescencia de una cascada atmosférica. La técnica promete, pero tiene un gran inconveniente: solo funciona en noches claras sin luna, lo cual supone un escaso 10 % del tiempo. En 1978, a pesar de sus muchos éxitos, hubo que desmantelar la Reina del Desierto por falta de recursos humanos y materiales para continuar. La cuestión del límite GZK debe estudiarse en detalle, y la red de John es demasiado pequeña para eso.

Tras el corte GZK, el flujo de rayos cósmicos debe disminuir considerablemente más allá de los 5×10^{19} electronvoltios. Para estudiar bien ese efecto hay que construir una red mucho más grande que la de Volcano Ranch. En los años 80, en Japón, Motohiko Nagano instala en Akeno una red de algo más de 100 detectores de centelleo que cubre 100 km^2. Esta red detectará, en 10 años, una docena de rayos cósmicos con energía por encima de 10^{20} electronvoltios. Doce rayos es poco, pero de todos modos más de lo que está previsto en el marco del límite GZK. ¿Por qué? ¿Habrá una o varias fuentes capaces de producir protones de 10^{20} eV a menos de 100 millones de años luz de la Tierra? Los astrónomos no los ven en sus telescopios cuando escudriñan el universo a lo largo de la dirección de llegada de los rayos en cuestión. Las posibles fuentes, agujeros negros o estrellas de neutrones, no están aisladas, sino que pertenecen a galaxias y a estas últimas habría que verlas. Si las fuentes están efectivamente ahí pero son invisibles, ¿de qué se trata? ¿Es la propia física la que cambia más allá de una cierta energía y acaba con nuestras teorías y la predicción del límite GZK? Una vez más, para entender bien el fenómeno es necesario detectar bastante más que una docena de sucesos. Hay que construir una red mucho más grande.

Jim

$E = mc^2$ [18]

Para los valores de energía hasta aproximadamente 10^{18} electronvoltios, las fuentes astrofísicas situadas en la vía láctea tienen suficiente potencia y el modelo más popular de acelerador es el de restos de supernovas. En los vientos de plasma expulsados por las explosiones de estrellas, las partículas rebotan y se aceleran, un poco como las bolas de acero de un flipper al chocar contra los bumpers: esas setas de aceleración situadas en lo más alto del altiplano. A estas fuentes les cuesta alcanzar los 10^{18} eV y su potencia está lejos de ser suficiente para ir más allá, hasta los 10^{20} 0 10^{21} electronvoltios. Sin embargo, se han observado rayos cósmicos de energía superior a 10^{20} eV. ¿Qué fuentes son capaces de alcanzar tan estupendas energías? ¿Dónde están? Se especula con que ciertos objetos astrofísicos, por ejemplo jóvenes estrellas de neutrones o bien agujeros negros súper masivos, tragándose las estrellas a su alrededor, tal vez tengan esa capacidad. Pero incluso a estos objetos particularmente potentes les resulta difícil acelerar las partículas hasta 10^{20} electronvoltios. Solo los cálculos más optimistas permiten alcanzar tales energías, y ¿por qué no se ven esas fuentes con nuestros telescopios? Si existen, deberían emitir fotones, además de estos rayos cósmicos de energía última y por tanto ser claramente visibles. No pueden estar muy lejos porque los rayos que aceleran, alcanzan la Tierra con una energía superior al corte GZK. Pero no se ve nada particular, no se identifica ningún objeto astrofísico particularmente potente.

[18]Fórmula de Einstein que da la energía en reposo de una partícula como siendo su masa multiplicada por el cuadrado de la velocidad de la luz.

Para paliar esta ausencia, numerosos teóricos han desarrollado alternativas más exóticas. Las partículas no se acelerarían para convertirse en rayos cósmicos de energía última, sino que se producirían directamente con una energía enorme por desintegración de partículas súper masivas o por hundimiento de fallos topológicos. Las partículas súper masivas serían reliquias perdidas del Big Bang flotando en el universo, tendrían una masa de 10^{25} electronvoltios, y al desintegrarse podrían fácilmente producir nuestros rayos cósmicos ultra energéticos. ¿Existen estas partículas? Algunas teorías, llamadas «teorías de gran unificación», en las que tres de las cuatro fuerzas que existen en la naturaleza (fuerte, débil y electromagnética) se unen para conformar una sola, predicen la existencia de dichas partículas, pero son teorías hipotéticas, es imposible producir, en nuestros aceleradores terrestres, las partículas súper masivas en cuestión. Los defectos topológicos son una alternativa a las reliquias súper masivas. Se trataría de unas bolsas microscópicas de espacio-tiempo en las que el vacío cuántico habría mantenido las propiedades que tenía un instante después del Big Bang y que perdió al enfriarse el universo. Estas bolsas encerrarían mucha energía y podrían evaporarse espontáneamente cuando el vacío que las forma vuelve a unirse con el vacío estándar. Sería extraordinario demostrar la existencia de reliquias súper masivas o de defectos topológicos mediante los rayos cósmicos. El observatorio que Jim quiere construir a toda costa tendría por finalidad encontrar estas hipotéticas fuentes; además, el estudio de las interacciones de partículas con materia a energías inigualadas hasta el momento siempre guarda sorpresas. Desde 1991, Jim recorre el planeta a la búsqueda de colaboradores y de los 50 millones de dólares necesarios para la construcción de cada uno de los emplazamientos.

A principios de 1998, Jim ha logrado reunir una colaboración de 18 países; dos años antes ya tenía un informe completo sobre las motivaciones científicas, el diseño y la construcción del observatorio. La investigación de los lugares para construir el observatorio Pierre Auger ha terminado hace casi tres años, pero falta dinero. Tras la publicación del informe, presentamos a mi Instituto una solicitud de ayuda a la construcción: 33 millones de francos, es decir, 5 millones de euros de hoy en día. Al cabo de dos años aún no había respuesta. En los Estados Unidos, los americanos aceptaron la construcción de un emplazamiento sur en Argentina, y se acordó una financiación del 20 %, Argentina 30 % y Brasil 20 %. En Francia, seguimos sin nada.

Yo lo veo claro: el Instituto no quiere decir no a Jim, premio Nobel de física, pero tampoco está dispuesto a lanzarse a un estudio de rayos cósmicos. Es cierto que se trata de física de altas energías, pero nosotros hacemos experimentos en grandes aceleradores, no observaciones de fenómenos cósmicos incontrolables. Este retorno a los orígenes no está a la orden del día en un Instituto de tanto prestigio como el IN2P3, el Instituto nacional de física nuclear y física de partículas. En cuanto al ministerio, Claude Allègre tampoco es aficionado a grandes proyectos, él quiere rebajar el coste de la educación nacional y no siente mucho cariño por los grandes instrumentos de la física de altas energías.

Se acerca el fin de año de 1998 y aún no hay respuesta. En diciembre ya no puedo más, mi amigo Michel Suchod, diputado por Dordoña, me propone plantear una pregunta a Claude Allègre en la Asamblea nacional. El 9 de diciembre se pone en pie y se dirige al ministro que se encuentra en la base del hemiciclo: «Señor ministro nacional de educación, investigación y tecnología: desearía preguntarle acerca de cómo evoluciona el proyecto Pierre Auger de estudio de los rayos cósmicos de muy alta energía y sobre su encauzamiento en el seno del CNRS, ya que es usted el encargado. Este proyecto pretende resolver uno de los principales enigmas de la astrofísica contemporánea: el origen en el universo de los rayos cósmicos de energías últimas [...] Sin embargo, próxima ya la conclusión del séptimo año de trabajo sobre este proyecto, que entra ahora en su fase operacional, parece que en Francia nada se ha decidido sobre su financiación. Evidentemente, esto pone a nuestros científicos en una situación difícil, cuestionando el papel motor que han desempeñado desde los inicios del proyecto. Señor ministro, ¿qué puede usted recomendar al CNRS para que se tome una rápida decisión sobre este tema?».

La respuesta de Claude Allègre está clarísima: él no quiere intervenir ante el CNRS por una suma que, aunque elevada, no es de la escala del ministerio. Añade: «no tengo la intención de intervenir en relación con decisiones que deben ser las del CNRS y los diversos organismos cuando no se trata de sumas muy importantes. Usted me pide una opinión científica; me parece que es un proyecto muy hermoso. Pero dejo que sea el CNRS quien decida por cuál de los diversos proyectos opta. En cualquier caso, le prometo que dado que usted me plantea la pregunta y tengo la obligación de estar atento a las inquietudes de la representación nacional, me informaré del estado de la cuestión y se lo haré saber».

En la oficina de Catherine Bréchignac, directora general del CNRS, el discurso es muy distinto. Claude Allègre no quiere apoyar grandes proyectos y no se muestra favorable a la construcción de Auger. Catherine Bréchignac le responderá que no supone un problema, porque él CNRS se hará cargo. En este contexto, crea un programa interdisciplinario, Partículas y Universo del CNRS, que será la principal fuente de financiación de una nueva disciplina, Astropartículas.

Esta es actualmente una de las puntas de lanza del IN2P3, que abarca, además de Auger, los observatorios de ondas gravitacionales y de rayos gamma. La noticia se hace pública en enero de 1999: el CNRS nos concede 2 millones de euros para la construcción del emplazamiento argentino del observatorio Auger. Unos años más tarde nos atribuirán un tercer millón.

Sagone, Sur de Córcega, 25 de agosto de 2016

Acabo de recibir un mensaje de Alan Watson.
Fue con él con quien Jim lanzó en 1991 el proyecto del observatorio.

Jim ha fallecido esta mañana, iba a cumplir 85 años.
Estoy en deuda con él.

8. Malargüe

Auger, el mayor observatorio del mundo

Reunidos en el jardín del observatorio en Malargüe, las delegaciones internacionales escuchan los discursos científicos y políticos que amenizan esta jornada de inauguración. Esa misma mañana he presentado una breve nota histórica de la búsqueda de rayos cósmicos y de la construcción de observatorio Pierre Auger, cuya terminación celebramos en este día de noviembre de 2008. Catherine Bréchignac ha acudido acompañada de Michel Spiro, director del IN2P3, y de Stavros Katsanevas. Stavros es desde hace casi 10 años, director, adjunto científico sobre Astropartículas. Es mi interlocutor principal y un estupendo contacto con Catherine. Apoyo inquebrantable del observatorio Auger, los numerosos intercambios lo han convertido en un amigo.

Después de Francia, en 1999, otros países europeos desbloquearon fondos para construir lo que ha llegado a ser el mayor observatorio de rayos cósmicos del mundo. Nuestros 1600 detectores, dispuestos sobre una superficie de 3000 kilómetros cuadrados, registran el paso de partículas que llegan a la superficie. Son unos tanques que contienen cada uno, bien protegidas de la luz del Sol, doce toneladas de agua extremadamente pura. En el agua, unos sensores ultrasensibles detectan el paso de partículas cargadas gracias a la débil luz que emiten al atravesar este medio denso y transparente. En la circunferencia de la superficie, encumbrados en unas pequeñas colinas, cuatro edificios en semicírculo albergan unos telescopios de florescencia: seis por edificio. Observan el cielo por encima de los tanques, captando por la noche la florescencia del aire, al pasar por las grandes cascadas de partículas.

Hemos necesitado casi 10 años para completar este conjunto, pero desde 2004, cuando ya funcionaba la mitad de los detectores, observamos y acumulamos información sobre los rayos cósmicos de energía ultra alta. Sabemos ahora que, a las energías más altas, por encima de 5×10^{19} electrón voltios, el número de rayos cósmicos disminuye de forma exagerada. ¿Es porque las fuentes no tienen suficiente potencia? ¿O se debe a que en su viaje hacia la Tierra pierden energía, tal como lo prevé el límite GZK? Aún no lo sabemos, pero la disminución se observa con claridad. También hemos observado que su dirección de llegada no es uniforme en el cielo: los rayos parecen venir preferentemente desde zonas donde se hallan galaxias con un núcleo activo. La mayoría de las galaxias contienen en su centro un agujero negro, que devora las estrellas y los planetas que lo rodean. A veces, en este proceso de destrucción, se forman unos grandes chorros de materia de un extremo al otro del agujero negro, proyectando al cosmos una parte de la materia que se hunde. Si estos chorros se orientan en dirección de la Tierra, se dice que la galaxia es «de núcleo activo». Estos chorros de materia pueden servir como aceleradores cósmicos y podrían generar los rayos que se observan a energías ultra altas. En 2008, nuestras medidas de la distribución en el cielo nos indican con un 99 % de fiabilidad que los rayos cósmicos proceden de los núcleos de galaxias activas. De todas maneras, queda una probabilidad del 1% de que esta observación sea fortuita…

Estoy satisfecho de lo que hemos conseguido. Contemplo el edificio central del observatorio que se anuncia con orgullo a la entrada de la ciudad de Malargüe. La gran sala de control se alza sobre el edificio ofreciendo la vista del jardín. En el interior, en su centro, una especie de acuario, alberga las unidades centrales de los ordenadores, mientras que en unas mesas largas situadas junto a los muros se sitúan los terminales de control. El muro norte, orientado hacia la planicie en la que están instalados nuestros detectores, es de vidrio en su totalidad, y la mirada se dirige hacia los Andes, muy próximos. En esta sala se recogen, ensamblan, almacenan y envían a la ciudad francesa de Lyon todos los datos procedentes de la red de tanques y de los telescopios de florescencia. Es allí, a orillas del Ródano, donde está instalado el centro de cálculo del IN2P3. Sirve de nodo primario para la redistribución de todos nuestros datos hacia los 70 laboratorios de 18 países que participan en el proyecto.

Recuerdo nuestros primeros pasos. ¡Qué largo el camino recorrido! Es una casa del pueblo y su gran garaje que nos sirvió como primera instalación. Allí Rosa, la primera empleada del observatorio, se encargaba ella sola de las tareas de secretaría, la recepción del material y de las personas, la contabilidad y las relaciones con la comunidad local.

En la parte trasera del edificio principal está la sala de ensamblaje y la estación de filtrado que utilizamos para preparar el suministro de agua a los tanques. Durante los primeros años, la sala de ensamblaje era el auténtico centro, neurálgico del observatorio, hasta que el edificio principal con sus despachos y la sala de control se convirtió en el escenario. Es en esta sala donde con mi equipo instalamos nuestros primeros ordenadores y ensayamos las primeras conexiones de radio con los tanques. Igual que Pierre Auger en los años 30, nosotros queríamos recoger la información en coincidencia de todos nuestros detectores, pero a diferencia de Pierre, nosotros tenemos 1600 y cada uno de ellos está a una distancia de al menos 1,5 km de todos los demás. No es cuestión de instalar una red de cables para llevar la electricidad que requiere su funcionamiento. Los tanques deben ser completamente autónomos. Funcionan con energía solar y comunican con la sede central mediante un sistema de radio similar a la telefonía móvil. Conocemos su posición con una precisión de varias decenas de centímetro gracias a los detectores GPS. Cada uno dispone de un pequeño ordenador que vela por el buen funcionamiento del conjunto. Si el observatorio se pudo construir es porque en los años 90 todas esas tecnologías eran robustas y estaban disponibles a buen precio. A pesar de todo, fue difícil, incluso muy difícil. No sabría decir cuántas veces perdimos la esperanza, regresando a mitad de la noche, agotados tras una jornada de trabajo en la que el número de nuevos problemas surgidos superaba con mucho al de los resueltos el día anterior. Imaginábamos que jamás podríamos poner en funcionamiento el conjunto, ni ensamblar los 1600 detectores o coordinar sus datos. También había que asegurar que fueran robustos, ya que incluso un pequeño fallo, significaba conducir varias horas por la pampa para llegar al detector. No era aceptable tener que hacerlo demasiado a menudo. Un poco como un satélite, una vez instalado, debía funcionar perfectamente sin la más mínima intervención.

Además, hubo que convencer a los habitantes de Malargüe y a los ganaderos de la pampa que no teníamos en mente otros planes más que estudiar los rayos cósmicos. No era nada evidente. Los diputados nos apoyaban, pues ellos habían comprendido muy bien el interés de asociarse a este programa internacional, pero los propios habitantes se mostraban escépticos. ¿Por qué aquí? ¿Íbamos a atraer los rayos cósmicos a esta región remota de la Patagonia andina? ¿Estábamos escondidos para fabricar armas, químicas o bacteriológicas? Estas preocupaciones pueden parecer absurdas, pero en un mundo donde la competencia y el interés se presentan como motores del progreso, ¿cómo imaginar que un grupo de científicos vienen a instalarse aquí, en varios miles de kilómetros cuadrados, solamente para escuchar el cosmos? Ricardo, el segundo empleado del observatorio, ha sido una ayuda infinitamente preciosa. Lo conocí cuando trabajaba de contramaestre en la empresa encargada de construir la sala de ensamblaje, y le convencí para que se quedara trabajando con nosotros. Conoce Malargüe y su región como la palma de su mano, y a casi todos los habitantes por su nombre. Ha vivido en la ciudad, pero también en la pampa con su hermano de leche Rolando, un gaucho que en la actualidad cría sus caballos en mitad del observatorio. Ricardo conoce bien a los gauchos. Se siente como en casa en sus hogares de ladrillo y adobe, una o dos habitaciones, con suelo de Tierra batida, donde viven con su familia, sin electricidad ni agua corriente. Sin un intermediario, ¿cómo habríamos podido salvar el desnivel entre su vida cotidiana y nuestros objetivos? Ricardo nos acompañó a hablar con ellos e hizo posible nuestros encuentros. Pudimos explicar nuestra investigación y convencerlos de nuestra benevolencia, incluso a aquellos que no veían con buenos ojos que instaláramos tanques en sus campos. Ricardo actuó cual pasador de clandestinos, y sospecho que su incapacidad de dominar la lengua inglesa, a pesar de todos los esfuerzos que, según él, le había dedicado, no fue más que el último regalo que quiso devolver a sus compatriotas, pues de esta manera nos obligaba a aprender español y a comunicarnos con ellos en su idioma.

Entre 2000 y 2002 desplegamos un prototipo de red de 40 tanques con un edificio de fluorescencia y tres telescopios. El propósito de esta mini red era poder validar nuestras opciones técnicas, pero también verificar que nuestros diseños funcionaran y que fuéramos efectivamente capaces de tomar nuestras medidas. El paso por los laboratorios, donde se ponía a punto cada elemento, en la pampa, fue particularmente duro para el material. Todo tenía que encajar y funcionar junto, y además aguantar. Los múltiples componentes de los tanques venían cada uno de un extremo del planeta, el detector de luz de Francia, la electrónica de lectura y de control fabricada en Francia y en los Estados Unidos, tanques producidos en Brasil y Argentina, sistema de alimentación diseñado en España y en los Estados Unidos, radios y telecomunicación procedente del Reino Unido, un auténtico popurrí. Las primeras semanas, los tanques fallaban sin parar, pero poco a poco fuimos identificando y resolviendo los problemas, aquí un conector, allá un error en el programa de control, en otra parte una falta de diálogo durante el diseño.

Algunos problemas eran particularmente inesperados, como el de las cajas que protegían las dos baterías de los camiones que se cargaban durante el día con los paneles solares y alimentaban los detectores por la noche. Las vacas argentinas les tenían un gran aprecio. Venían muy bien para rascarse la espalda, y servían también nada menos que como peldaño para subirse a los tanques. Actualmente todo está redondo y brillante, y las marcas de pezuñas en la cumbre de los tanques solo son un recuerdo. Regular las coincidencias también exigió mucho esfuerzo. Nuestro objetivo era alcanzar una precisión de unas diez mil millonésimas de segundo entre los relojes de cada detector. Es decir 100 veces más precisos que los circuitos de Roland Maze, y en distancias 100 veces superiores, que cubren decenas de kilómetros. Gracias a los relojes atómicos embarcados en los satélites GPS, y teniendo debidamente en cuenta los efectos relativistas, se puede saber la hora de manera muy precisa, pero para ello es necesario conocer la posición con exactitud y hacer muchas correcciones. La sincronización no fue demasiado difícil entre nuestros tanques, pero entre los tanques y los telescopios nos las vimos y nos las deseamos. Con la ayuda de un láser, iluminábamos el cielo, verticalmente al centro de la red, dirigiendo una parte de la luz hacia un tanque muy cercano gracias a una fibra óptica. Los telescopios de florescencia, aún situados a veinte kilómetros, tienen suficiente sensibilidad y se pudo registrar la traza del haz láser en la atmósfera. Si los relojes están bien sincronizados, podemos detectar al mismo tiempo la señal de los telescopios y la del tanque.El 9 de diciembre de 2001, a las 2:56:45, se registra el primer suceso híbrido, es decir, observado en coincidencia y al mismo tiempo por la red de tanques y los telescopios. Lo logramos, aunque no es más que un tiro láser, pero demuestra que todo está en orden. En marzo del año siguiente se registrará el primer híbrido surgido de una cascada.

Enero de 2016. Han pasado más de 20 años, desde que contemplé por primera vez las lunas de Júpiter. El observatorio Pierre Auger ha cumplido sus promesas, lleva más de 10 años proporcionando datos de inestimable valor sobre los rayos cósmicos de energía ultra alta. Ahora sabemos que son mayoritariamente núcleos de átomos, protones, helio, carbono y otros elementos desde el nitrógeno hasta el hierro. ¿Proporciones exactas? Aún es pronto para decirlo; nuestros datos todavía requieren mayor precisión, y necesitamos más. Hay que recordar que a las energías más altas hay muy pocos rayos cósmicos. Es lo segundo que hemos aprendido. Antes de la construcción de Auger, y basándonos en las medidas tomadas en la red de Akeno en Japón, esperábamos recoger aproximadamente un rayo de energía utra alta por siglo y por kilómetro cuadrado, es decir, unos 30 por año en nuestros 3000 km^2. La realidad es que es prácticamente una centésima parte de lo que preveíamos... La disminución del flujo a las energías más altas es brutal, ni siquiera Auger es suficiente.

En lugar de 300 rayos cósmicos ultra energéticos previstos a lo largo de esos 10 años, hemos recogido una buena decena, no más. De ahí que su naturaleza exacta, protones, helio, nitrógeno o hierro siga siendo un poco misteriosa. Ahora bien, lo esencial lo tenemos: sabemos ahora que se trata de materia estándar formada por hadrones y acelerada en las proximidades de objetos astrofísicos tales como los alrededores de un agujero negro o una joven estrella de neutrones. ¡Fuera las reliquias súper masivas o los defectos topológicos del vacío cuántico! Nuestros datos excluyen estas hipótesis: no hemos observado fotones de energías muy muy altas, que, sin embargo, esas fuentes producen en gran cantidad.

¿Qué hay de los núcleos activos de galaxias que en 2008 parecían el santo grial de nuestra búsqueda? Los datos recogidos desde entonces no han confirmado nuestro primer resultado. La distribución de las direcciones de llegada en el cielo ha sido a la hora de la verdad muy uniforme, bastante más que en 2008. No hay rastro de las fuentes, están bien escondidas en el cosmos. Los campos magnéticos que bañan el universo, los de la galaxia y los campos intergalácticos son aparentemente tan intensos que perturban irremediablemente la trayectoria de los rayos. En vez de una línea recta, aparece una sucesión de arcos de círculo que cubren, dando muchas vueltas, el largo trayecto (¡de 10 a 100 millones de años!) que los lleva a la Tierra. Se pierde entonces la imagen de la fuente, como la de un paisaje visto a través de niebla espesa.

Así funciona la naturaleza: la última ocurrencia de Jim fue asegurar que el observatorio era simplemente demasiado pequeño. No lo concebimos de un tamaño suficiente, debíamos haber sido más ambiciosos. Tendríamos que haberlo hecho diez veces mayor. No, ¡veinte, o treinta veces! Más fácil decirlo que hacerlo.

Mi editora me interroga: «¿Es el final de la historia? ¿Se puede ir más allá?» «Siempre», le respondo yo, «siempre se puede ir más lejos, pero hay que saber cambiar de montura». Nosotros seguimos ocupados mejorando el observatorio Auger, intentando obtener datos más exactos para detallar mejor la naturaleza y el origen de los rayos más energéticos. Al mismo tiempo, todos los descubrimientos que han permitido los rayos cósmicos desde hace más de cien años nos han ofrecido nuevas sondas. Nos han abierto a las partículas y a la antimateria, de ahí han surgido nuevas teorías, así como el modelo estándar de la física de partículas. El universo está en expansión, tiene una historia, y esta historia depende de la estructura de las fuerzas y de la organización de las partículas que nuestro modelo estándar se supone que describe. Escudriñando su evolución, podemos completar y mejorar el modelo estándar. Con nuevos telescopios cartografiamos porciones cada vez más grandes del Universo. Un mapa que lo describe tal como es a día de hoy, pero sobre todo tal como era en el pasado, hasta hace varios miles de millones de años atrás.

Al observar regiones cada vez más lejanas del cielo, estamos mirando más profundamente en el pasado. La galaxia visible más alejada de la Tierra está a una distancia tal que su luz ha tardado 13.400 millones de años en llegar hasta nosotros. En nuestros telescopios, ¡aparece tal como era entonces! En aquella época, nuestro Universo era muy joven, solo tenía 400 millones de años. Cartografiar el Universo significa analizar su historia, y esta historia es una extraordinaria mina de información sobre la estructura de las fuerzas, de las partículas y del espacio-tiempo.

Epílogo

En mayo de 2016, en los jardines de la Filature en Livron-sur-Drôme, contemplo los bambús bailando en el viento y los rayos de sol reluciendo en el estanque. Delante de mí, aguas abajo, los niños juegan al fútbol en el césped, chillan de la felicidad de correr todos juntos y de rodar por la hierba para atrapar el balón. Los observo con ternura a la vez que escucho los preludios y fugas del clavecín bien temperado de Bach. La armonía del conjunto es algo insólito. El sol, el viento, los árboles, los niños, el juego, la música, toda nuestra humanidad está ahí, colocada delante de mí como un cuadro hiperrealista al que solo el paso del tiempo impide permanecer estático.

Ainsi, toujours poussés vers de nouveaux rivages,
Dans la nuit éternelle emportés sans retour
Ne pourrons-nous jamais sur l'océan des âges
Jeter l'ancre un seul jour ?

Así, siempre empujados hacia nuevas costas,
A la noche eterna arrastrados sin retorno
¿No podremos nunca sobre el océano del tiempo,
Anclar nuestra nave un solo día?

Me pregunto: ¿de dónde viene toda la materia? ¿Cómo pudo el mundo aparecer de la nada?

«Nada se pierde. Nada se crea, todo se transforma».

De Anaxágoras el griego, a Antoine-Laurent Lavoisier el revolucionario, esta máxima marca nuestra concepción del mundo y dio forma a mi infancia. Sirve de fundamento a la física y a uno de sus principios absolutos: la sacrosanta conservación de la energía. Pero entonces, ¿de qué transformaciones surgieron los quarks y los leptones? ¿De dónde vienen estas leyes de la física que descubrimos mediante nuestros experimentos? El tiempo, o mejor dicho el espacio-tiempo, y la percepción que tenemos de él están en el centro de todas estas preguntas. De su transcurso inmutable, incluso si es relativo, y de la universalidad (supuesta) de las leyes de la física es de donde nace la conservación de la energía. Sin el tiempo, no existiría ni tan siquiera la definición de energía. Las ciencias físicas que describen la evolución de los sistemas ya no tendrían ningún objeto. Pero si el propio espacio-tiempo no es realmente inmutable, si no ha estado ahí desde siempre, ¿cómo podemos entonces abordar con las ciencias físicas aquello que existió antes? ¿Somos prisioneros de nuestros conceptos y de nuestra percepción del mundo? Las leyes de la física se construyen en el espacio-tiempo. ¿Llegarán a escaparse de su destino?

Escucho a Bach. Mi espíritu flota siguiendo el orden de los sonidos. La música —consecuencia de causas insignificantes cuyo mero encadenamiento, gracias al buen juicio del compositor, produce emociones— me transporta con una violencia a veces inaudita. Genera en el hombre unas emociones tan fuertes que muchas dictaduras se han interesado, bien por ponerla a su servicio, bien por simple y llenamente censurarla. La música me eleva, me conduce fuera del tiempo, la música, cuyo fundamento más íntimo se basa, sin embargo, en su transcurso.

¡Oh tiempo! suspende tu vuelo, y vosotras, horas propicias
Suspended vuestro curso:
Dejadnos disfrutar de las efímeras delicias
De nuestros días más bellos.

Los rayos cósmicos han hecho que descubramos el misterioso mundo de las partículas elementales, de la relatividad restringida y de la mecánica cuántica. Las ecuaciones de Einstein han puesto de manifiesto un nexo indeleble entre materia, energía y espacio-tiempo. ¿Y si esto no fuera más que el principio? Nuestros esfuerzos por reunir en una sola teoría el mundo cuántico y la relatividad general, esfuerzos a los que el propio Einstein se dedicó en los años 30 siguen sin dar frutos, pero debemos continuar. ¿Y si el espacio-tiempo y la materia no fueran más que dos formas de una misma cosa? Un poco como el agua y el vapor. ¿Podremos desarrollar conceptos y ciencias que nos permitan manipular tales fenómenos? Espero que sí y es nuestro deber intentarlo. Ahora bien, en el día de hoy, igual que mañana y todos los días que seguirán, hago mía la reflexión de Gaston Bachelard:

El mundo es mi voluntad, el mundo es mi provocación.

Índice